Mapas
representações, intenções e subjetividades

EDITORA
intersaberes

O selo DIALÓGICA da Editora InterSaberes faz referência às publicações que privilegiam uma linguagem na qual o autor dialoga com o leitor por meio de recursos textuais e visuais, o que torna o conteúdo muito mais dinâmico. São livros que criam um ambiente de interação com o leitor – seu universo cultural, social e de elaboração de conhecimentos –, possibilitando um real processo de interlocução para que a comunicação se efetive.

Mapas
representações, intenções e subjetividades

Marcus Antonio Matozo

Rua Clara Vendramin, 58 . Mossunguê . CEP 81200-170 . Curitiba . PR . Brasil
Fone: (41) 2106-4170 . www.intersaberes.com . editora@editorainterseberes.com.br

Conselho editorial
Dr. Ivo José Both (presidente)
Drª Elena Godoy
Dr. Nelson Luís Dias
Dr. Neri dos Santos
Dr. Ulf Gregor Baranow

Editora-chefe
Lindsay Azambuja

Editora-assistente
Ariadne Nunes Wenger

Analista editorial
Ariel Martins

Capa
Kátia Priscila Irokawa (*design*)
Lukasz Szwaj, SirinS, Cartarium
e Evgeny Atamanenko/
Shutterstock (imagem)

Projeto gráfico
Mayra Yoshizawa

Diagramação
Kátia Priscila Irokawa

Iconografia
Regina Claudia Cruz Prestes

1ª edição, 2016.

Foi feito o depósito legal.

Informamos que é de inteira responsabilidade do autor a emissão de conceitos.

Nenhuma parte desta publicação poderá ser reproduzida por qualquer meio ou forma sem a prévia autorização da Editora InterSaberes.

A violação dos direitos autorais é crime estabelecido na Lei n. 9.610/1998 e punido pelo art. 184 do Código Penal.

Dados Internacionais de Catalogação na Publicação (CIP)
(Câmara Brasileira do Livro, SP, Brasil)

Matozo, Marcus Antonio
 Mapas: representações, intenções e subjetividades/ Marcus Antonio Matozo. Curitiba: InterSaberes, 2016.

 Bibliografia.
 ISBN 978-85-5972-270-3

 1. Geografia – Estudo e ensino 2. Mapas I. Título.

16-08786   CDD-910.7

Índice para catálogo sistemático:
 1. Geografia : Estudo e ensino 910.7

Sumário

Apresentação | 7
Organização didático-pedagógica | 9
Introdução | 11

1. Os mapas: um breve histórico | 15
   1.1 Os mapas e sua história | 19
   1.2 As escolas geográficas | 29

2. Abordagem humanista-cultural | 47
   2.1 Um breve histórico – as bases geográficas | 50
   2.2 Andaluzia (Al-Andalus) - os árabes na Europa | 64
   2.3 A geografia humanista-cultural (contexto histórico) | 72

3. Categorias de análises geográficas | 83
   3.1 O espaço | 85

4. Mapas mentais: ferramentas fundamentais nas abordagens socioculturais | 109
   4.1 Os mapas pictóricos | 111
   4.2 Os mapas mentais | 113
   4.3 Mapas mentais digitais | 117
   4.4 Estudo de casos de mapas mentais | 125

5. Múltiplas análises sociais e culturais | 137
   5.1 A geopoética | 139
   5.2 Paisagens sonoras | 143
   5.3 Paisagens e imaginário | 146

Considerações finais | *155*
Referências | *157*
Bibliografia comentada | *171*
Respostas | *173*
Sobre o autor | *175*
Anexos | *177*

Apresentação

O material dessa obra busca resgatar informações que conduzam o leitor ao entendimento da evolução da geografia enquanto ciência e de alguns marcos históricos que a transformaram. Busca, ainda, apontar outras possibilidades, especialmente com a utilização de mapas mentais, e também as abordagens dentro do universo da geopoética, provocando um debate sobre a importância da cultura para o desenvolvimento humano.

Assim, nosso desejo é que você aprecie o conteúdo e se aproprie de novas informações, construindo, ao final da leitura, uma nova perspectiva sobre as possibilidades que a geografia enquanto ciência pode oferecer, uma vez que, com as inovações no campo científico, somos inundados de novas possibilidades diariamente. Entendemos, dessa forma, que se faz necessária a apresentação de novas propostas também nos campos da geografia.

Essa ciência sempre buscou entender a sociedade e suas transformações, a ação humana em períodos diferentes e a interação do homem com o ambiente em que está inserido, que foi se modificando ao longo dos tempos.

Nesse sentido, esse material pode proporcionar um debate em que, por um lado, observamos a ciência como uma estrutura extremamente técnica, acadêmica, com suas formalidades, como nas discussões dos mapas que denominamos tradicionais; contudo, por outro lado, essa mesma ciência apresenta uma discussão mais ampla, lançando um olhar sobre os elementos culturais da sociedade.

Nosso propósito nesse trabalho não é defender uma ou outra abordagem, mas apresentar outro horizonte, em que a produção de mapas mentais auxilie a compreensão de que o estudo da geografia é, sim, uma atividade lúdica, atraente e reveladora, e que ao perceber a importância dos elementos culturais que lhes cercam, novas respostas podem aparecer, sendo surpreendido a cada nova informação encontrada.

Para que a leitura flua de forma harmoniosa, o trabalho foi estruturado em capítulos que seguem uma lógica de apreensão de informações para que o contexto geral possa ser absorvido de forma construtiva na compreensão dos conteúdos e também serão apresentadas atividades ao final de cada capítulo no intuito de despertar a curiosidade sobre as informações apresentadas.

O Capítulo 1 aborda um breve histórico dos mapas e das escolas geográficas; o Capítulo 2 traz a abordagem da geografia humanista-cultural e suas bases geográficas; o Capítulo 3 apresenta as categorias de análises geográficas; o Capítulo 4 traz a análise de diferentes mapas mentais; por fim, o Capítulo 5 trabalha a geopoética.

Assim, esperamos que o conjunto da obra venha a contribuir da melhor forma possível com seu desenvolvimento intelectual, dando subsídios suficientes para esse modelo de aprendizado.

Bom estudo!

Organização didático-pedagógica

Este livro traz alguns recursos que visam enriquecer o seu aprendizado, facilitar a compreensão dos conteúdos e tornar a leitura mais dinâmica. São ferramentas projetadas de acordo com a natureza dos temas que vamos examinar. Veja a seguir como esses recursos se encontram distribuídos na obra.

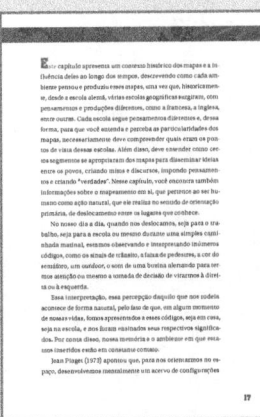

Introdução do capítulo
Logo na abertura do capítulo, você é informado a respeito dos conteúdos que nele serão abordados, bem como dos objetivos que o autor pretende alcançar.

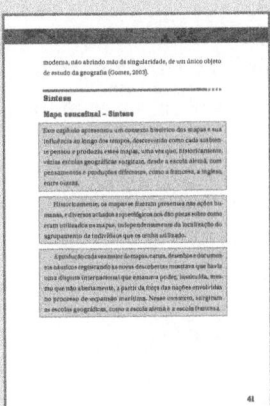

Síntese
Você dispõe, ao final do capítulo, de uma síntese que traz os principais conceitos nele abordados.

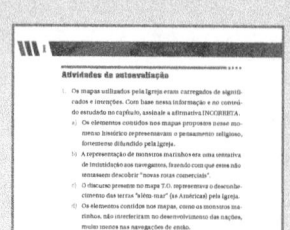

Atividades de autoavaliação

Com estas atividades, você tem a possibilidade de rever os principais conceitos analisados. Ao final do livro, o autor disponibiliza as respostas às questões, a fim de que você possa verificar como está sua aprendizagem.

Atividades de aprendizagem

Nesta seção, a proposta é levá-lo a refletir criticamente sobre alguns assuntos e trocar ideias e experiências com seus pares.

Bibliografia comentada

Nesta seção, você encontra comentários acerca de algumas obras de referência para o estudo dos temas examinados.

Introdução

O desenvolvimento do ser humano ao longo dos tempos é resultado da assimilação das transformações ocorridas na sociedade, desde as estruturas industriais, econômicas e políticas. Essas alterações levaram o indivíduo a adaptar-se segundo suas possibilidades, buscando unicamente a sobrevivência daqueles que pertenciam ao seu grupo.

O advento industrial forçou a máquina humana a responder conforme a máquina mecânica exigia, trocando a força de mão de obra e jornadas de trabalho cada vez mais longas por salários cada vez menores, num círculo vicioso e doloroso de ser rompido. Com isso, os elementos que fazem parte da carga cultural do indivíduo são diretamente afetados.

A convivência com a família, os momentos de lazer, a contemplação da natureza vai perdendo sentido quando o trabalho está em primeiro lugar e nas melhores horas do dia. Registrar as alterações nos tons das folhas das árvores em decorrência das mudanças das estações, perceber o frescor das brisas nas manhãs de verão passaram a ser sensações cada vez menos percebidas, pois dentro das fábricas e dos barracões industriais pouco se percebe dessas sutilezas.

Historicamente, muitas nações passaram por transformações, mesmo antes do processo de industrialização, especialmente quando ocorriam invasões e, ao final das batalhas, uma nação subjugava a outra, impondo então aos povos ordens severas, costumes diferentes, forçando-os a uma aculturação, negando-lhes práticas que até então eram parte do seu contexto cultural. A imposição de outra língua, de novas práticas arquitetônicas e de batalhas acabaram por misturar culturas e, consequentemente, por fazer surgirem novas configurações culturais.

Podemos encontrar exemplos dessas transformações na cultura europeia, que muito deve ao povo árabe que adentrou, via Andaluzia, suas terras, depositando ali uma gama inestimável de conhecimentos, contribuindo para uma evolução cultural, que estranhamente parece ser negada, principalmente nos livros didáticos de História e Geografia aqui no Brasil.

Portanto, entendemos que o estudo da geografia pelos caminhos culturais pode enriquecer demasiadamente o conhecimento acerca das transformações ocorridas na sociedade de forma geral, seja num passado remoto, seja na atualidade, especialmente com o advento das novas tecnologias, que muito afetam o ser humano, impondo muitas vezes novos elementos que serão inseridos no seu contexto cultural.

I
Os mapas: um breve histórico

Este capítulo apresenta um contexto histórico dos mapas e a influência deles ao longo dos tempos, descrevendo como cada ambiente pensou e produziu esses mapas, uma vez que, historicamente, desde a escola alemã, várias escolas geográficas surgiram, com pensamentos e produções diferentes, como a francesa, a inglesa, entre outras. Cada escola segue pensamentos diferentes e, dessa forma, para que você entenda e perceba as particularidades dos mapas, necessariamente deve compreender quais eram os pontos de vista dessas escolas. Além disso, deve entender como certos segmentos se apropriaram dos mapas para disseminar ideias entre os povos, criando mitos e discursos, impondo pensamentos e criando "verdades". Nesse capítulo, você encontra também informações sobre o mapeamento em si, que pertence ao ser humano como ação natural, que ele realiza no sentido de orientação primária, de deslocamento entre os lugares que conhece.

No nosso dia a dia, quando nos deslocamos, seja para o trabalho, seja para a escola ou mesmo durante uma simples caminhada matinal, estamos observando e interpretando inúmeros códigos, como os sinais de trânsito, a faixa de pedestres, a cor do semáforo, um *outdoor*, o som de uma buzina alertando para termos atenção ou mesmo a tomada de decisão de virarmos à direita ou à esquerda.

Essa interpretação, essa percepção daquilo que nos rodeia acontece de forma natural, pelo fato de que, em algum momento de nossas vidas, fomos apresentados a esses códigos, seja em casa, seja na escola, e nos foram ensinados seus respectivos significados. Por conta disso, nossa memória e o ambiente em que estamos inseridos estão em constante contato.

Jean Piaget (1973) apontou que, para nos orientarmos no espaço, desenvolvemos mentalmente um acervo de configurações espaciais (matemática-lógica) que nos levam à formação de estruturas espaciais, auxiliando-nos quando decidimos tomar uma ou outra direção, são denominados *processos de formação de representação do espaço* ou "relações espaciais topológicas", conforme indica Oliveira (2007, p. 178).

Nesses processos, percebemos primeiramente o espaço; por meio dos estímulos que são captados por sensores em nosso corpo, percebemos as luzes, os sons, os cheiros, as formas das casas, dos prédios, dos muros, das ruas, da vegetação etc. Essas informações nos ajudam na interpretação do espaço, para então a cognição agir num processo de construção do raciocínio espacial, nos orientando de forma mais adequada. Soma-se a isso o contato que tivemos com algum tipo de mapa, tanto aqueles que aparecem nas listas telefônicas ou nos livros didáticos quanto, mais atualmente, aqueles que constam em aplicativos de celulares e outros mecanismos eletrônicos. Todo esse conjunto de informações nos permite, ao longo da vida, entender a estruturação e a organização espacial de uma vila, de um bairro ou mesmo de uma cidade.

Desse modo, quando um leitor observa um mapa, uma planta ou uma carta topográfica, o que irá ser revelado a ele dependerá diretamente e proporcionalmente da carga de conhecimento previamente adquirido por esse leitor, ou seja, um mapa não poderá comunicar aquilo de que a pessoa não tem noção da existência. Para que um mapa realmente comunique algo, é necessária uma interpretação das informações contidas nele, o que demanda uma cognição tanto de quem o produziu como de quem o interpreta; além disso, os mapas podem carregar conceitos e elementos históricos e culturais que, para serem percebidos, demandarão do leitor informações prévias.

Essas observações implicam que a utilização de mapas, independentemente do seu formato, é uma via de mão dupla, na qual o autor irá inserir os dados e o leitor, por outro lado, precisará desvendar essas informações. Os mapas apresentarão sua importância, seu devido valor, apenas para quem conseguir interpretá-los e aprofundar sua leitura. Nessa análise, o professor passa a ter papel de destaque, auxiliando seu aluno nessa construção do conhecimento; e o aluno, por sua vez, deverá atentar-se às múltiplas possibilidades que um mapa pode proporcionar.

Com base nessas observações, percebemos a existência de uma cartografia não formal, ou seja, aquela cartografia em que nos deslocamos pelo espaço criando nossos próprios mapas, sejam eles rabiscos num papel ou em nossas mentes (mapas mentais), que são indubitavelmente diferentes do material cartográfico formal, sejam aqueles produzidos com base matemática, com escalas, longitudes e latitudes, que contemplam o campo científico da geografia.

1.1 Os mapas e sua história

Historicamente, os mapas se fizeram presentes nas ações humanas, e diversos achados arqueológicos nos dão pistas sobre como eram utilizados os mapas, independentemente da localização do agrupamento de indivíduos que os tenha utilizado. Alguns deles tinham como propósito demonstrar ações, como as pinturas rupestres que indicavam os diferentes tipos de animais que serviam como caça ou os equipamentos (tipos de armas) utilizados pelo grupo, ou aquelas que indicavam a possível localização do rebanho, entre outras curiosidades que esse tipo de mapeamento pode oferecer. Outros mapas primitivos, como o mapa dos indígenas das Ilhas Marshall (Figura 1.1), assinalam um período histórico importante, em que se representava, por meio de conchas e fibras de palmeira, uma estrutura organizacional de ilhas e correntes marítimas que as circundavam. Essa organização de conchas e fibras representava a intencionalidade do mapa, pois, por mais primitivo que possa ser, o mapa justifica-se ao passo que foi pensado para representar um determinado lugar, suas particularidades (as correntes marítimas), bem como a abstração do pensamento enquanto deslocamento humano (Raisz, 1969).

Figura 1.1 – Mapa de conchas

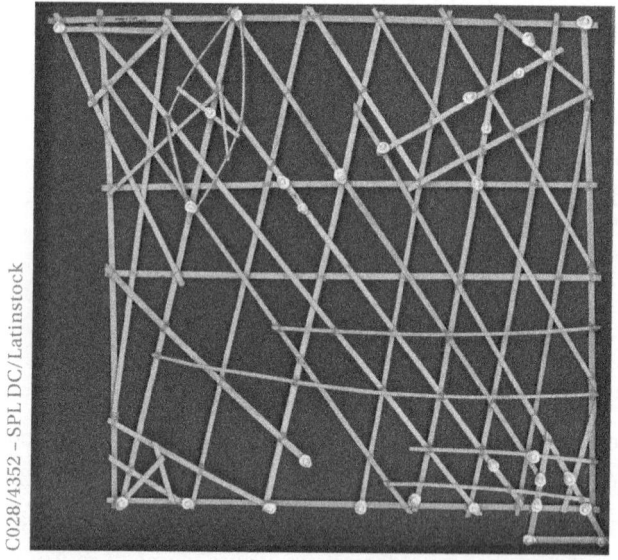

Essa complexidade também pode ser evidenciada no mapa esquimó das Ilhas Belcher, na Baía de Hudson, que representa um espaço habitado concreto, o ecúmeno dos esquimós, conforme apontado por Raisz (1969), demonstrando o resultado de uma organização do pensamento abstrato dessa população, possibilitando perceber que o espaço passa a ser caracterizado como algo de interesse humano. Oliveira (1988, p. 17) tece comentários sobre a produção de um mapa rupestre encontrado num penhasco da região de Bedolina, norte da Itália, que data de aproximadamente 2.400 a.C, mostrando, já na Idade do Bronze, um complexo processo de representações, com simbologia bastante significativa.

Ao adentrarmos o período das discussões sobre o formato da Terra, plana ou redonda, a Grécia destaca-se nesse movimento, principalmente com os enunciados de Crates de Malo e Aristóteles, pensamentos esses que influenciariam as representações daqueles que se dedicavam em representar o esférico numa superfície plana, conforme Randles (1994). Somam-se a esses pensamentos os elementos matemáticos, tornando-os abstrações da realidade, com pioneirismo sobre as projeções cartográficas, utilizando, para isso, projeções a partir do cálculo do raio da Terra (a expressão disso é a projeção), chegando finalmente à construção do primeiro globo terrestre, de Crates de Malo (Carvalho; Araújo, 2009).

Ricobom (2008a) destaca que o primeiro mapa-múndi na projeção cônica, com sistemas de climas, foi desenvolvido por Ptolomeu, em pergaminho, e trazia tanto conhecimentos de Erastóstenes como ideias de Hiparco de Niceia sobre meridianos e paralelos. Ptolomeu, por sua vez, apresentou uma "versão melhorada" dos sistemas de representação cartográfica, que contribuiu para a estrutura dos novos mapas-múndi. Cabe salientar, de acordo com Matozo[i] (2009, p. 22), que os "mapas da antiguidade apresentavam características específicas quanto às suas representações", havendo neles ligações do homem com a terra, como nos mapas das áreas inundáveis "que margeavam o rio Nilo temporariamente". Conforme Dreyer-Eimbcke (1992), além dos povos egípcios, os

---

i. Alguns trechos deste capítulo foram extraídos da dissertação de mestrado de Matozo (2009), autor deste livro.

babilônicos e os fenícios constantemente precisavam representar suas porções agricultáveis, a fim de mantê-las sobre seus domínios.

Para Boorstin (1989, p. 105), a cartografia, posteriormente, apresentou vínculos entre a produção geográfica medieval e as questões religiosas (a visão teocêntrica), bastante presente nesse período, quando "os mapas tornaram-se guias dos artigos de fé [...] cada lugar mencionado nas Escrituras exigia uma localização [...] um desses lugares era o Jardim do Éden". As influências dessas questões religiosas ficaram evidentes nos trabalhos de Marcus Vipsanius Agrippa (64 a.C.–12 d.C.), que elaborou uma síntese das representações cartográficas romanas, o *Orbis Terrarun*, no qual a Terra foi representada por um disco plano. De acordo com Matozo (2009), havia uma corrente religiosa contrária ao conceito de esfericidade terrestre, logo, o modelo apresentado por Agrippa teve uma boa aceitação nesse momento histórico. Além da esfericidade terrestre, as condições físicas do planeta eram desprezadas ou deixadas em segundo plano, fazendo com que o pensar religioso, que até já fazia parte da compreensão concreta, passasse a ser uma ferramenta abstrata.

Assim, o "Orbis Terrarun" apontava que quase a totalidade da Terra pertencia ao Império Romano, e Roma categoricamente encontrava-se ao centro (Ricobom, 2008a). Isso contribui para pensarmos na dimensão que a religiosidade cristã assumiu, chegando ao ponto de influenciar a produção cartográfica, assim como o famoso mapa "T sobre O" (Figura 1.2), de Santo Isidoro, em sua obra *Etimologias*, que descreve as terras "ecúmenas" ou "terras habitadas". Nessa representação, o "T" diz respeito aos três principais rios navegáveis da época, a saber: rio Don, rio Nilo e Mar Mediterrâneo, os quais dividiam a Terra em três grandes regiões: Ásia (a maior porção), Europa e África. A Ásia ficava na porção superior, enquanto Europa e África localizavam-se na parte inferior do mapa. Essas representações demonstravam ser, no seu contexto, mais reais do que abstratas; eram pictoráveis, por serem a reprodução de espaços reais percorridos por alguém; contudo, envoltas em símbolos imaginados por quem os produzia (Dreyer-Embcke, 1992). Sua organização com as letras "T" e "O" mostrava toda sua conotação abstrata (Matozo, 2009).

Figura 1.2 - O Mapa T.O.

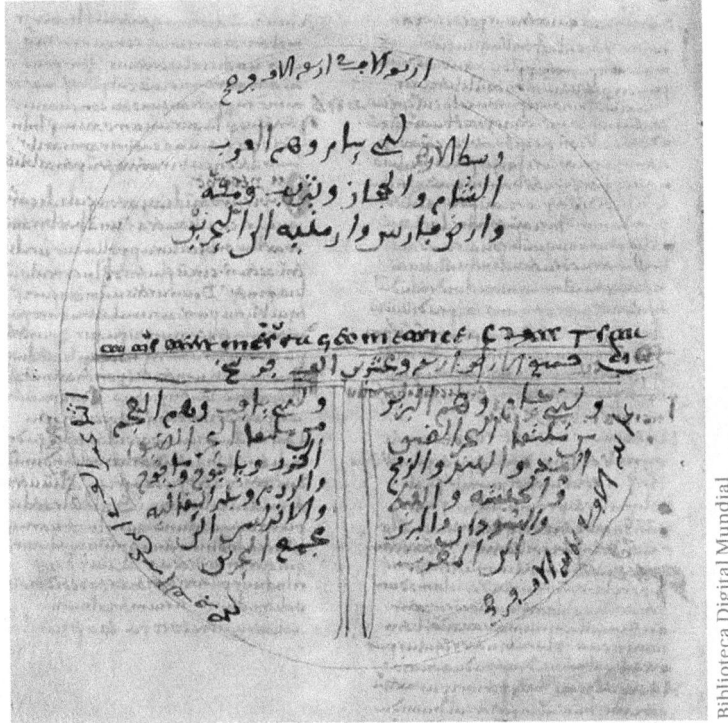

Fonte: Isidoro de Sevilha, [8--], p. 241.

Além dos elementos religiosos, os mapas traziam uma grande carga imaginária, pois as representações eram elaboradas a partir de relatos (orais ou escritos) daqueles que percorriam os lugares, desbravavam o desconhecido, contando o que viram para quem iria produzir o mapa; logo, ver um leão, uma girafa, uma onça ou uma baleia é uma coisa, contar o que viu para que o outro desenhe ou represente, sem saber do que se trata, provavelmente acarretaria em alguma distorção, tanto que, em muitos mapas, figuras monstruosas eram recorrentes, fato muito bem representado no mapa "No Ocidente não vá", de Joseph Moxon (1657), conforme a Figura 1.3.

Figura 1.3 - Monstros marinhos

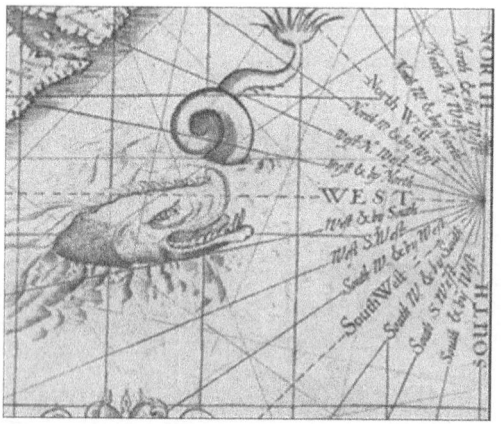

Resgatar essa construção histórica, que envolve a relação entre concreto e abstrato presente nos mapas antigos, conforme Matozo (2009, p. 24) "nos possibilita discutir a relação simbólica existente nas representações cartográficas". Algumas dessas representações foram carregadas de simbolismo religioso, outras foram carregadas de precisão matemática, por estarem em outro momento histórico. Por conseguinte, atualmente, temos a possibilidade de representações em tempo real, como o caso das imagens de satélite reproduzidas pelo programa Google Maps (Matozo, 2009).

Dessa forma, conseguimos perceber que as produções dos mapas sempre estiveram embebidas no contexto homem-meio, ou seja, reproduziram aspectos dessa relação, pois sempre existiu uma intencionalidade dentro dos mapas, ora demonstrando seus temores e seus mitos, ora demonstrando sua grandiosa capacidade de desbravar lugares inóspitos. Nesse sentido, merece destaque o período da Idade Média, em que a Igreja, ao se apropriar de lugares lendários, possibilitou muitas interpretações e reinterpretações, conforme lhe conviesse (Carvalho, 1997).

De acordo com Matozo (2009, p. 25), "a rota para as Índias poderia ter sido revelada muito antes, porém o imaginário popular (principalmente o Ibérico) temia o 'desconhecido' alimentado pelas ideias religiosas vigentes", como a crença de monstros marinhos – que podemos observar na Figura 1.4, de Sebastian Münster, de 1544.

Figura 1.4 – Monstros devoradores de embarcações

Ao observarmos a Figura 1.4, podemos ter uma ideia da complexidade do imaginário embutido nas representações; contudo, a demanda por mais segurança, mais rapidez e maior exatidão rumo às especiarias do Oriente forçaria a superação de todos os medos.

O comércio com o Oriente desencadeou uma grande produção cartográfica, reunindo muita informação sobre novas terras, baías e ilhas, novos mares, um verdadeiro banco de dados que se tornaria, em breve, novas cartas, novos guias náuticos, que, além das figuras pictóricas, apresentariam agora textos informativos e coordenadas geográficas (latitudes e longitudes). Essa produção cartográfica apresentava ferramentas mais precisas e muito mais seguras, que incluíam rotas terrestres, tornando-se cada vez mais técnicas, mais abstratas e respondendo aos interesses mercantilistas e capitalistas.

Com isso, as cartas topográficas tiveram fins diversos durante os séculos XV e XVI, pois, além de servirem para a navegação propriamente dita, eram utilizadas como ferramenta de reivindicação abstrata de terras para ocupações e de legitimação de impérios, até mesmo em conflitos e pacificações ou na organização das civilizações e, principalmente, eram utilizadas para a exploração de novas colônias (Harley, 1994, p. 281). Delano-Smith (1991, p. 11) aponta que muitos cartógrafos europeus, para evitar que os futuros colonos tivessem "medo do desconhecido", representavam nas cartas do "Novo Mundo" aspectos semelhantes aos que eram encontrados no "Velho Mundo", fazendo com que as paisagens desse "Novo Mundo" fossem semelhantes àquelas onde viviam ("Velho Mundo") – nem mesmo os nativos eram mencionados nessas cartas – forjando, dessa forma, uma concretude que não existia.

Com o passar do tempo e com as transformações ocorrendo na produção das novas cartas topográficas, nos novos mapas, nos guias náuticos, as produções cartográficas em geral foram ganhando força, com novas ideias, novas perspectivas, como as cartas portulanas dos navegadores genoveses, apoiadas nas loxodromias (rumos) como elementos matemáticos, agora inseridos, gradativamente, dando um caráter cada vez mais científico, e também mais abstrato, às produções cartográficas, contribuindo enormemente para a produção cartográfica nos séculos seguintes (Anderson, 1982).

Nesse sentido, de acordo com Matozo (2009, p. 27), "a cartografia dos holandeses, nação mais avançada em termos técnicos no século XVII, participou profundamente desse desenvolvimento", tendo se destacado dois cartógrafos flamengos, Mercator[ii] e Ortelius[iii], que apontaram os novos rumos a serem tomados. Em 1569, apareceu o primeiro mapa de Mercator, conforme destacado por Anderson (1982, p. 20), com uma projeção

> na qual os meridianos eram linhas retas e paralelas, e que formavam ângulos retos com os paralelos, estes também representados por linhas retas e paralelas. Para manter a conformidade das áreas, a separação entre duas paralelas aumenta na direção de cada polo ou em proporção direta com o afastamento dos paralelos em relação ao equador.

Várias produções ganharam novas dimensões e novos olhares, como nos casos das produções dos franceses:

> [...] sucedendo à Cartografia Holandesa, aparecia a Escola Francesa com uma série de nomes ilustres.

---

ii. Nome de nascimento: Gerhard Kremer.
iii. Nome de nascimento: Abraham Ortels.

> Destacando-se a Casa Sanson D'Abbeville, com uma série de mapas construídas [sic] por Nicolas Sanson em projeção perspetiva. Em 1639, A. H. Jaillot apresentou "Le Neptune Français", a mais importante obra geográfica da época, que foi auxiliado por Jean Dominique Cassini, eminente astrónomo francês. [...]
>
> A Academia de Ciências de Paris influenciou a cartografia francesa. O desenvolvimento das ciências, particularmente da Matemática, da Geodesia, e da Astronomia, possibilitou à cartografia maior solidez científica. Ao mesmo tempo, a utilização de novos instrumentos, como sextantes, teodolitos, cronómetros, etc., nas observações necessárias aos levantamentos permitiu uma determinação mais precisa dos elementos da superfície da Terra. (Anderson, 1982, p. 21-22)

Com base nessas observações, podemos constatar certa efervescência na produção cartográfica, o que levaria a algumas padronizações, principalmente em termos matemáticos, oferecendo cada vez mais segurança aos navegadores, e possibilitando maiores lucros aos comerciantes. Por outro lado, quanto mais técnicos e precisos iam ficando os mapas, mais negligenciadas eram as outras produções, principalmente aquelas que não apresentassem certas similitudes com as produções voltadas à navegação comercial. Assim, mapas importantes, provenientes de outras culturas, alheias ao processo mercantilista, passaram a ser desconsiderados, conforme aponta Harley (1991, p. 6):

> Os mapas de culturas não europeias só recebiam certa atenção [...] quando apresentavam alguma semelhança com os mapas europeus. [...]

dava-se muita atenção aos aspectos matemáticos do traçado dos mapas [...] e ao surgimento de inovações técnicas, como planos quadriculados, escalas regulares, signos abstratos convencionais e até curvas de nível, ou seja, a todos os aspectos correspondentes ao modelo ocidental de excelência cartográfica.

Dessa forma podemos constatar, por meio das observações de Harley (1991), um dos mais destacados pesquisadores da história da cartografia do século XX, que a opção por mapas mais técnicos, mais matematicamente pensados, poderia estar, por um lado, favorecendo determinado grupo (de mercantilistas) e, por outro, abrindo uma lacuna, pois os mapas que não se enquadravam nos parâmetros cartográficos europeus passaram a ser desconsiderados. Conforme Matozo (2009, p. 28), "as indagações de Harley (1991) apontam para a possibilidade de mapas não convencionais serem também instrumentos para o conhecimento cartográfico e para o reconhecimento do espaço, como, por exemplo, mapas pictóricos, mapas mentais, pinturas rupestres entre outros". Todo mapa seria, então, "representação gráfica que facilita a compreensão espacial de objetos, conceitos, condições, processos e fatos do mundo humano" (Harley, 1991, p. 7).

1.2 As escolas geográficas

A produção cada vez maior de mapas, cartas, desenhos e documentos náuticos registrando as novas descobertas mostrava que havia uma disputa internacional que emanava poder, instituída, mesmo que não abertamente, a partir da força das nações envolvidas no processo de expansão marítima. Esse poder era estabelecido, via de regra, por conhecimento produzido e, nesse sentido, a Alemanha faria escola, ao contribuir enormemente com a geografia. A Alemanha, conforme histórico das escolas geográficas, teve destaque, assim como França, Inglaterra, Estados Unidos e também a extinta União Soviética.

A geografia, na qualidade de ciência moderna, aparece quando os pensamentos vinculados à Igreja, ao religioso, perdem espaço para os experimentos, para as investigações e para a objetividade, deixando para trás as superstições e as crenças estabelecidas. Esse período é muito bem representado nas figuras de Isaac Newton e Galileu Galilei, sendo que este último era tido por muitos como o "primeiro cientista moderno" (Vesentini, 2003).

Galilei e Newton deram suas contribuições para a transformação do pensamento científico, pois sistematizaram suas pesquisas e deram um novo entendimento sobre os fenômenos, ajudando a separar os dois mundos investigativos – o religioso e o científico sistemático.

Contudo, a geografia passa a ser entendida como uma ciência moderna apenas com os estudos de Alexandre von Humboldt e do filósofo Carl Ritter, no início do século XIX. Conforme Gomes (1996, p. 87), "ambos colaboraram um com o outro, mesmo que indiretamente". Tanto Humboldt quanto Ritter desempenharam importante papel dentro da geografia alemã, iniciando trabalhos dentro da perspectiva da geografia física, na qual estabeleceram relações entre clima e vegetação, relevo e dinâmica das águas; destacaram paisagens, povos e seus respectivos territórios, além de sua relação com o meio e suas questões políticas e econômicas. Foi a partir das observações de Humboldt que nasceu o questionamento de que não se pode observar um espaço específico na Terra sem que se tenha a compreensão do todo, pois os fenômenos se completam.

Diferentemente de Humboldt, que era tido como um naturalista, um observador na sua essência, Carl Ritter realizou seu trabalho em seu gabinete, na Universidade de Berlim, não sendo menos importante que Humbolt, pois ambos deram origem "a uma nova ciência" (Andrade, 1987). Foi nesse contexto que Humboldt e Ritter lançaram as bases para a geografia ao analisarem os fragmentos espaciais da Alemanha (fragmentos esses conhecidos como cidades livres, ducados, reinos e principados) proporcionando a esse país uma reflexão sobre a importância de uma nova organização territorial, pois as dificuldades enfrentadas com sucessivos conflitos, principalmente aqueles impostos pela vizinha França, forçavam uma atitude diferente.

É necessário observar nesse conjunto as questões da Prússia e da Áustria e seus problemas alfandegários, que somente seriam resolvidos anos mais tarde, com o processo de reunificação da Alemanha, iniciado por volta de 1866[iv], quando Otto Von Bismark promoveu uma ofensiva contra a Áustria (guerra Alemã de 1866). Com a derrota do império austríaco, logo o reino da Prússia se fundiria ao Império Alemão, conforme aponta Anderson (1985, p. 278):

> O Estado alemão era agora um aparelho capitalista, sobre determinado pela sua ascendência feudal, mas fundamentalmente homólogo da formação social que, no início do século XX, era amplamente dominada pelo modo capitalista de produção: A Alemanha imperial seria em breve a maior potência industrial da Europa.

---

iv. A unificação alemã se efetivou apenas em 1871.

Essa junção acabou trazendo bons resultados em termos industriais para o Estado alemão e levando preocupações aos vizinhos, inclusive aos ingleses. Na esteira das transformações na Alemanha, nasce o determinismo alemão, vinculado ao geógrafo germânico Friedrich Ratzel, muito influenciado por Charles Darwin e sua teoria para a evolução das espécies, que aborda a sobrevivência de uma em detrimento de outras e a evolução delas no ambiente em que estão inseridas. Nesse caminho, Ratzel formulou ideias sobre a necessidade de um espaço vital, alertando que perder território significaria decadência, enquanto a conquista de novos territórios, seria uma consequência de uma nação em expansão. Além disso, o espaço vital representaria, para Ratzel, uma alternativa plausível, pois suas observações sobre os Estados Unidos e sobre os fatos ocorridos na Europa poderiam fornecer equilíbrio entre a população e os recursos naturais disponíveis (Corrêa, 1991).

Não foi difícil o aparecimento de formulações de que o próprio homem seria resultado do ambiente em que estivesse inserido, explicando a superioridade de uma determinada raça em detrimento de outra, muito utilizada no futuro dentro da Alemanha, para justificar as atrocidades cometidas contra os judeus e contra os que não se enquadravam no perfil estabelecido.

De forma semelhante, a Inglaterra teria destaque na produção geográfica, sob uma ótica diferente, mas não menos importante. Politicamente falando, a defesa e a expansão do território foram a tônica estabelecida pela Rainha Vitória, principalmente com a fundação das sociedades geográficas, com destaque para a Royal Geographycal Society (RGS), que prestaria estimados serviços à coroa britânica, tendo em Halford J. Mackinder[v] um importante referencial (Weigert, 1943).

A exploração de terras pertencentes à coroa elevou a geografia a um nível de destaque, aparecendo como uma ciência de fundamental importância para os propósitos desenvolvimentistas. O desenvolvimento científico na Inglaterra tornou-se algo sério, destacando seus precursores Henry Nottidge Moseley, anatomista humano; David Livingstone, um médico explorador, que adentrou o continente Africano, tido como o primeiro europeu a avistar as Cataratas Vitória; Sir Edmund Percival Hillary, explorador do Monte Everest; Sir Ernest Henry Shackleton, que explorou a Antártida; e, somado a essas referências, ainda teríamos como membro fundador da Royal Geographycal Society Charles Darwin, naturalista de suma importância para as pretensões científicas britânicas do final do século XIX (Blouet, 2004).

A importância da Royal Geographycal Society ia muito além das questões da ciência geográfica propriamente dita, adentrou os campos das questões políticas, adensando as discussões sobre o capitalismo e o imperialismo, fundindo-os de tal forma que passou a ser inconcebível pensar um sem o outro. Na segunda metade do século XIX, essa sociedade geográfica real passou a patrocinar fóruns de discussões, o que culminou, anos mais tarde, na decisão de que professores de Geografia deveriam passar primeiramente ou por Oxford ou por Cambridge, para que tivessem um alinhamento com os propósitos imperiais britânicos (Kearns, 2004).

---

v. Mackinder põe em xeque, entretanto, a tese mahaniana, ao atribuir à área pivô um papel estratégico na política de poder das grandes potências europeias. Ele lança essa ideia na conferência intitulada The Geographical Pivot of History, proferida em 25 de janeiro de 1904 na Real Sociedade Geográfica, e posteriormente reproduzida no Geographical Journal em edição do mesmo ano, em um artigo de 16 páginas, que Karl Haushofer classificaria como "uma obra-prima geopolítica" (Weigert, 1943, p. 129).

É possível perceber que a ciência geográfica britânica teve em sua essência um forte propósito de servir aos interesses do império, determinando os caminhos a serem tomados em termos de ocupação, exploração e garantindo que as questões políticas e econômicas caminhassem alinhadas numa mesma linguagem.

Muito próximo ao império britânico estavam os franceses, que acompanharam, muito de perto, essa efervescência geográfica no continente europeu. A França desempenhou papel relevante no campo geográfico. O contexto francês precisa ser observado, pois a Revolução Francesa (1789) desencadeou pensamentos que orientaram muitos campos das ciências, quando Jean-Antonio Nicholas Caritat (Marquês de Condorcet), Claude-Henri de Rouvroy (Conde de Saint-Simon) e Augusto Comte já haviam organizado as bases positivistas, postulando neutralidade científica e natureza, ou a naturalização dos fenômenos que envolviam atores sociais (Benoit, 2006).

Somados a isso, havia a burguesia que, preocupada com as insurreições que pudessem lhe "tomar o poder", buscava garantir, a qualquer preço, o controle do Estado. Ainda no contexto francês, as guerras ocorridas, principalmente contra a Prússia, custaram à França dois importantes polos carvoeiros (Lorena e Alsácia), logo, era preciso recuperá-los (Moraes, 1987).

A Alemanha já defendia a ideia de um espaço vital, com a importância da defesa e da manutenção do território e o que isso determinaria como consequências para o país. Obviamente, os franceses não poderiam concordar com essas propostas e trataram de formular uma oposição aos inimigos declarados. Propuseram, então, desqualificar o discurso determinista alemão, apontando as fragilidades nesse discurso do oponente, na tentativa de virar o jogo a favor da França. Conforme Moraes (1987, p. 78) os principais elementos apontados pelo geógrafo francês por Paul Vidal de La Blache foram:

> A politização do discurso: em uma ciência neutra, não se podia admitir uma mistura da política com a ciência em favorecimento de um agente político, no caso o Estado Alemão; O caráter naturalista: o elemento humano é deixado como apenas passivo dos fenômenos naturais; A concepção fatalista e mecanicista: em que há uma determinação da história pelos fenômenos naturais.

Na essência, o discurso de Paul Vidal de La Blache apontava para uma nova possibilidade, ou seja, o possibilismo francês. A formulação dele postulava que o ser humano tem poder de transformar o meio em que está inserido, logo, é agente de sua própria ação (Gomes, 2003). O que podemos observar é uma luta entre discursos, na qual nem um nem outro se aniquila, mas fundem-se de alguma forma, pois, de um lado, a Alemanha tenta justificar que é necessário um espaço vital, creditando a si os territórios tomados da França; por outro lado, a França questiona esse efeito determinista, apontando que o homem, por essência, pode alterar o meio em que vive, o que lhe possibilitaria melhorá-lo, transformá-lo, fato que mostrava a importância da presença francesa em suas colônias.

Conforme Moraes (1987), o discurso lablachiano apontava para questões de gênero de vida, reforçando a ideia de que, caso um determinado povo migrasse para um lugar mais rico, e tivesse nascido em condições adversas, poderia, por razões específicas, desenvolver ainda mais esse outro lugar, pois saberia como fazê-lo. O fato de esse povo ter que lutar para desenvolver novas técnicas de sobrevivência, ao se deparar com um novo espaço, o transformaria de forma quase natural, pois é o que sabe fazer, naturalmente. Isso reforçava o caráter possibilista no discurso de La Blache: o homem tem a possibilidade de alterar o curso da história, de melhorar e desenvolver ainda mais o espaço em que se encontra.

A escola francesa ainda contribuiria com definições acerca da questão regional, embutindo elementos como ação humana, forma de vida, aspectos culturais (civilização), além dos aspectos naturais, aguçando ainda mais a disputa entre determinismo e possibilismo (Moraes 1987).

Além de La Blache, nomes como Élisée Reclus, Jean Brunhes e Emmanuel de Martonne dariam reforço à escola francesa, na qual Reclus, um militante político fervoroso, defendia ideias de divisão regional, caracterizando as áreas por meio das questões de relevo, clima, hidrografia, geologia e vegetação, além das questões humanas, como organização social, exploração econômica e classes sociais (Moraes, 1987).

Brunhes (1962), por sua vez, contribuiu com ideias sobre a geografia humana, sendo creditado a ele esse termo. Para esse autor, as questões sociais tinham fundamental importância, uma vez que o homem está ligado à terra de alguma forma. Essa ligação demonstrava que o homem poderia alterar as paisagens, alterar o lugar em que estava inserido por força do seu trabalho. Para Brunhes (1962, p. 262), "o domínio desta ciência é uma espécie de subtração entre o que seria a Terra sem os homens e o que ela é atualmente".

Essa geografia pensada por Brunhes apontou questões como uso do solo, criação de animais – principalmente gado –, exploração de minerais, além de ter dado base para pesquisas em termos de devastação ambiental. Ainda em relação à escola francesa, faz-se necessário apontar as contribuições de Martonne, com suas publicações sobre geografia física. Professor de renome em Sorbonne (1909) e no Instituto de Geografia da Universidade de Paris, passou pelo Brasil, lecionando na USP (Universidade de São Paulo) em 1930, contribuindo com estudos sobre geomorfologia climática, entre suas produções importantes, consta o *Traité de Géographie Physique* – o *Tratado de Geografia Física*, em tradução livre (Moraes, 1987).

Uma escola importante, mas pouco relatada em estudos sobre a formação da geografia enquanto ciência, é a escola russa, que data do século XVIII, quando foi criado o Departamento de Geografia, em 1758, por Mikhail Lomonosov, na então chamada Academia de Ciências. No século seguinte, foram criadas a Sociedade Imperial Russa de Geógrafos e a Sociedade dos Geógrafos de São Petersburgo.

Segundo Passos (2003), essa escola teve forte influência alemã, com presença de análises sobre a importância da manutenção e da exploração de novos espaços. Os russos tinham uma preocupação em relação à produção alimentar; e alguns estudos voltados para o campo, para a agricultura, revelaram-se de suma importância. Outro aprofundamento dessa escola geográfica estava na exploração de recursos naturais, pois o crescimento do país demandaria cada vez mais recursos, e saber como e onde obtê-los era uma estratégia importante.

Dmitri Nicolad'evitch Anoutchine, Piotr Petrovič Semionov e Piotr Kropotkin destacaram-se nos estudos geográficos russos e estiveram ligados ao conhecimento do espaço físico. Anoutchine estudaria a geomorfologia, com preocupações voltadas para a observação *in loco*; para ele, era necessário sair para investigar, para conhecer verdadeiramente os fenômenos da natureza. Semionov e Kropotkin entendiam que as relações do homem com o meio eram cruciais. Para eles, era necessário respeitar a natureza e, acima de tudo, entender que os indivíduos se completavam, ou seja, um deveria auxiliar o outro, rechaçando a ideia de que certo grupo é mais importante do que outro. Semionov e Kropotkin destacavam também que a ajuda mútua era o segredo para que todos evoluíssem, em todos os sentidos (Passos, 2003).

Ainda dentro da escola russa, podemos encontrar dois nomes fundamentais para o desenvolvimento da ciência geográfica, Alexander Voeikov e Vasily Vasili'evich Dokuchaev, sendo o primeiro um dos pioneiros em termos de estudos do clima, analisando as interferências do homem na natureza e os reflexos dos desmatamentos em termos de erosão do solo e fluxo dos rios, bem como a relação dessas ações com o regime de chuvas. Por sua vez, Dokuchaev se direcionou profundamente ao estudo do solo, destacando sua importância ao longo do tempo, determinando que o solo pode dar respostas importantes para o futuro das ações humanas, principalmente quanto ao desgaste e à relação desse elemento com a regressão das florestas, além de indicar como zonas geográficas se comportam em climas mais ou menos agressivos. Aos geógrafos russos, podemos somar outras referências, como Lev Semionovich Berg e Andrei Krasnov, com contribuições conceituais sobre região e paisagem (Frolova, 2001).

É possível observar nessa escola uma preocupação com as questões climáticas, o que é uma percepção natural se destacarmos a localização geográfica da Rússia, seu clima rigoroso e sua dimensão. Conhecer seu espaço seria uma resposta aos interesses governamentais de então, e novamente a geografia serviria aos interesses do desenvolvimento econômico do país.

Atravessando o Atlântico, a geografia teve bases importantes na chamada escola norte-americana, que também foi muito influenciada pela escola alemã, pois sua essência liga-se com as questões físicas do terreno, com estudos sobre a geomorfologia e os aspectos regionais, inicialmente com John Wesley Powell e, posteriormente, com Willian Morris Davis, que fundou a Association of American Geographers, contribuindo profundamente com estudos sobre erosão do solo e sua dinâmica (Weigert,1943).

As terras norte-americanas foram muito férteis para o desenvolvimento geográfico. Conforme Gomes (2003), a Escola de Chicago legitimou cientificamente a expansão das fronteiras estadunidenses. Essa escola aprofundou o conhecimento sobre antropogeografia, principalmente com participação de Ellen Semple e Ellsworth Huntington, com trabalhos como *Civilização e clima*, de 1915, e *Princípios da geografia humana*, de 1940, ambos de Huntington (Gomes, 2003).

Tanto Gomes (2003) como Andrade (1987) confirmam o posicionamento determinista da escola norte-americana, uma vez que esta precisava legitimar a expansão territorial, pois o Oeste "selvagem" precisava ser ocupado e "civilizado". Ellen Semple teria como aluno, algum tempo depois, simplesmente Carl Ortwin Sauer[vi].

Analisar a geografia americana revela que não foi diferente o contato da ciência com as estratégias governamentais. Foi nessa seara que a geografia quantitativa prosperou, chegando ao extremo de ser defendida a não necessidade de trabalhos em campo. Os defensores dessa ideia acreditavam que bastaria apenas tabular os dados; quantificar era mais importante. Sauer iria questionar essa prática, mais por ter tido contato com outra realidade, do

---

vi. Na geografia norte-americana, destaca-se Carl Ortwin Sauer, fundador da escola de Berkeley. Interessado pela ecologia, era adepto da geografia alemã e francesa. Para Sauer, a geografia é aquilo que é legível na superfície da Terra; ele ignorava as dimensões sociais e psicológicas da cultura. Para ele, a paisagem era feita de matéria viva, com a ação dos homens sobre a natureza. Sua geografia cultural orientava-se em saber como o homem usava o ambiente, apropriava-se dele, ameaçando seu equilíbrio natural. A partir de 1930, Sauer volta-se para a ecologia moderna (Claval, 2001).

que por ser de uma vertente diferente, pois sua formação ligava-o aos métodos deterministas alemães (Claval, 2001).

Sauer (1998) tomou como foco o Oeste americano, onde o clima apresenta características extremas, temperaturas elevadas, algumas vezes com clima muito próximo ao desértico, e observou o comportamento dos indígenas que povoavam essas terras. Suas análises o fizeram perceber a adaptação do homem ao meio no qual está inserido, criando um paradigma em sua mente, tendo em vista que sua formação era determinista, mas suas observações, possibilistas – o que pode ter contribuído para que elaborasse contundentes críticas aos modelos postulados na América do Norte.

O resultado dessas dúvidas foi apresentado numa das principais obras de Sauer, *The Morphology of Landscape*, na qual ele utilizou teorias de autores como Willian Morris Davis, Paul Vidal de La Blache, Alexander von Humboldt e Jean Brunhes. Nessa obra, colocou a geografia norte-americana em contraponto com a geografia europeia, criticando a redução que o método morfológico havia sofrido, resgatando La Blache para contribuir com suas ideias (Sauer, 1998). Suas observações permitiram que elementos culturais fossem debatidos e aprofundados dentro dos estudos geográficos, destacando a importância, nesse sentido, da Escola de Berkeley, à qual pertence (Claval, 2001).

A efervescência das ideias, tanto de Sauer quanto de Richard Hartshorne[vii], um apontando críticas ao método do outro, levou a uma certeza: ambos concordavam que era necessária uma geografia geral, assim como uma generalização e objetivação da ciência

---

vii. Richard Hartshorne buscou desenvolver reflexões sobre a epistemologia e a natureza da geografia como ciência. De origem alemã, foi professor da Universidade de Wisconsin (EUA) e considerado o responsável pela divulgação das ideias do geógrafo alemão Alfred Hettner nos países de língua inglesa, bem como por sua discussão metodológica. As obras *The Nature of Geography*, de 1939 e *Perspectives on the Nature of Geography*, de 1959, estão baseadas no pensamento anteriormente desenvolvido por Hettner (Lencioni, 1999).

moderna, não abrindo mão da singularidade, de um único objeto de estudo da geografia (Gomes, 2003).

Síntese

Mapa conceitual - Síntese

Este capítulo apresentou um contexto histórico dos mapas e sua influência ao longo dos tempos, descrevendo como cada ambiente pensou e produziu esses mapas, uma vez que, historicamente, várias escolas geográficas surgiram, desde a escola alemã, com pensamentos e produções diferentes, como a francesa, a inglesa, entre outras.

Historicamente, os mapas se fizeram presentes nas ações humanas, e diversos achados arqueológicos nos dão pistas sobre como eram utilizados os mapas, independentemente da localização do agrupamento de indivíduos que os tenha utilizado.

A produção cada vez maior de mapas, cartas, desenhos e documentos náuticos registrando as novas descobertas mostrava que havia uma disputa internacional que emanava poder, instituída, mesmo que não abertamente, a partir da força das nações envolvidas no processo de expansão marítima. Nesse contexto, surgiram as escolas geográficas, como a escola alemã e a escola francesa.

Atividades de autoavaliação

1. Os mapas utilizados pela Igreja eram carregados de significados e intenções. Com base nessa informação e no conteúdo estudado no capítulo, assinale a afirmativa INCORRETA.

   a) Os elementos contidos nos mapas propostos nesse momento histórico representavam o pensamento religioso, fortemente difundido pela Igreja.

   b) A representação de monstros marinhos era uma tentativa de intimidação aos navegantes, fazendo com que estes não tentassem descobrir "novas rotas comerciais".

   c) O discurso presente no mapa T.O. representava o desconhecimento das terras "além-mar" (as Américas) pela Igreja.

   d) Os elementos contidos nos mapas, como os monstros marinhos, não interferiram no desenvolvimento das nações, muito menos nas navegações de então.

2. Com base nos modelos de mapas e imagens apresentados no texto do capítulo, assinale a alternativa que representa a afirmativa correta.

   a) O mapa de conchas representava todas as ilhas localizadas no sul da Europa.

   b) O mapa T.O. representava o continente asiático (na parte superior), o continente europeu (abaixo e a esquerda) e o continente africano (abaixo e a direita), sendo esses dois últimos separados do continente asiático pelo Mar Mediterrâneo.

   c) O mapa T.O. representava todos os continentes, incluindo as Américas.

   d) No mapa T.O. fica explícita a presença dos monstros marinhos mencionados no capítulo.

3. Observando as escolas geográficas e seu desenvolvimento, assinale a alternativa que representa a afirmativa INCORRETA:
   a) Entre os precursores das escolas geográficas estão Humboldt e Ritter; o primeiro desenvolveu trabalhos de campo como naturalista, e o segundo desenvolveu trabalhos internos, em seu escritório.
   b) Friedrich Ratzel, muito influenciado por Charles Darwin, defendia o determinismo, vinculado à escola geográfica alemã.
   c) A importância da Royal Geographycal Society ia muito além das questões da ciência geográfica propriamente dita; adentrou os campos das questões políticas, adensando as discussões sobre o capitalismo e o imperialismo e fundindo-os de tal forma que passou a ser inconcebível pensar um sem o outro.
   d) Dokuchaev (da escola norte-americana) direcionou-se profundamente ao estudo do solo, destacando sua importância ao longo do tempo, determinando que o solo pode dar respostas importantes para o futuro das ações humanas, principalmente quanto ao desgaste e à relação desse elemento com a regressão das florestas, além de indicar como zonas geográficas se comportam em climas mais ou menos agressivos.

4. Ao estudar o capítulo, é possível perceber o envolvimento de estudiosos de vários países na construção de um pensamento geográfico. Com base nessa percepção, correlacione os autores às suas respectivas escolas, assinalando a alternativa correta:
   a) Alexandre von Humboldt e Carl Ritter – escola francesa
   b) Paul Vidal de La Blache – escola russa
   c) Lev Semionovich Berg e Andréi Krasnov – escola alemã
   d) Ellen Semple e Ellsworth Huntington – escola americana

5. As principais características de cada escola geográfica podem ser identificadas por alguns pensamentos que foram determinantes ao longo de suas respectivas histórias. Com base nisso e no texto do capítulo, assinale a afirmativa INCORRETA:
   a) A escola alemã defendia o determinismo.
   b) A escola francesa defendia o possibilismo.
   c) A escola russa esteve voltada para estudos climáticos e dos solos.
   d) A escola americana direcionou seus estudos às questões sociais, especialmente em relação às camadas mais pobres da população.

Atividades de aprendizagem

Questões para reflexão

1. Com base no texto do Capítulo 1, reproduza, numa folha de papel, pelo menos dois espaços diferentes que você conhece (por exemplo: sua casa e uma sala de aula ou sua casa e um lugar que você frequenta), tentando demonstrar todos os elementos nela contidos. Após a elaboração dos desenhos, faça as seguintes reflexões:
   a) Quais elementos apareceram em todos os desenhos? Quais elementos não se repetiram?
   b) Caso você solicitasse a alguém que frequenta esses mesmos espaços que os desenhasse também, conforme as escolhas feitas por você (por exemplo: você escolheu desenhar sua casa e a casa da sua avó), essa pessoa, considerando esses mesmos espaços, desenharia os mesmos elementos? Ou seria possível que os elementos fossem diferentes? Nesse contexto, você acredita que cada pessoa

desenharia conforme as próprias intenções de representação? Justifique sua resposta.

c) Quais foram os elementos que ficaram de fora do seu desenho? Por que você não os incluiu?

2. Para aprofundar ainda mais o estudo sobre os mapas, pesquise sobre visão horizontal, visão vertical e visão oblíqua utilizada nos mapas e indique qual delas você utilizou no seu desenho. Justifique sua resposta.

Atividade aplicada: prática

Nesse capítulo, você pôde observar que várias escolas geográficas acabaram se desenvolvendo ao longo dos tempos e estas localizavam-se em países diferentes. Observe, então, quais as escolas que foram citadas no texto, identifique o país de cada uma delas e desenhe um mapa-múndi, localizando esses países.

2 Abordagem humanista--cultural

Este capítulo apresenta a trajetória que envolve os elementos culturais que, de alguma forma, acabaram por dar base ao pensamento geográfico cultural, especialmente quando mergulhamos no contexto dos gregos e romanos e toda a sua produção ao longo dos tempos. Concomitante a isso, Andaluzia revelou novas possibilidades de análise nesse sentido, uma vez que se tornou a via de acesso ao ambiente europeu, inserindo assim novas possibilidades culturais, novos pensamentos e, principalmente, novas estratégias, sejam elas em termos de armamentos para a guerra, sejam como estratégias políticas e sociais, que afetariam, sem dúvida alguma, a maneira de pensar daqueles que passaram a ter contato com esses novos elementos culturais.

Dessa forma, podemos perceber que a geografia humanista-cultural tem muito a nos revelar, pois, por meio das análises dos elementos que compõe a história dos povos em questão, é possível compreender que culturas se sobrepõem a outras culturas e, com isso, alguns elementos se perdem, outros se somam e, ao longo da história, inevitavelmente há um enriquecimento cultural sem precedentes.

A construção histórica e cultural dos povos, ao longo dos tempos, foi sendo registrada de diversas formas, desde as pinturas rupestres encontradas nas cavernas, paredões ou encostas que serviam como abrigo, até nas construções erguidas ao longo do tempo. Construções que se tornaram registros culturais, representantes legítimas de uma determinada época, como pirâmides espalhadas pelo mundo, muralhas que foram levantadas a fim de resguardar determinado reino e inserções culturais tais como Coliseu, Machu Picchu, Esfinge, Acrópole, Kukulcán, Estátua da Liberdade, Torre Eiffel e Taj Mahal nos auxiliam a pensar as particularidades culturais de cada povo, historicamente.

Desvendar as nuances entre uma cultura e outra é a grande riqueza do mergulho na abordagem humanista-cultural, que busca elementos históricos num olhar atento às sensíveis modificações ocorridas ao longo da história. Cada agrupamento humano deixou sua marca, para que, de alguma forma, suas memórias de como se apropriaram daquele determinado espaço fossem seu principal registro para a posteridade.

2.1 Um breve histórico – as bases geográficas

As primeiras manifestações geográficas remontam aos tempos gregos, com observações tidas como simples descrições dos fenômenos, longe de um propósito científico, como podemos observar em Dantas e Medeiros (2011, p. 40):

> O primeiro mapa grego de que se tem notícia foi elaborado por Anaximandro de Mileto (650-615 a.C), que viajou e escreveu relatos de viagens. Discípulo de Tales de Mileto, é provável que Anaximandro de Mileto tenha sido o inventor do *gnómon*, instrumento que serve para medir a altura do Sol.
>
> O segundo mapa da Antiguidade foi elaborado por Hecateu de Mileto (560-480 a.C). Viajou por toda parte do mundo conhecido, escreveu *Descrição da Terra*, obra ilustrada por um mapa onde a Terra é representada por um disco com água em sua volta.

Outros documentos importantes dessa época são os poemas épicos *Ilíada e Odisséia*, de Homero, conhecidos e apreciados por seu valor literário e pelas informações geográficas contidas na descrição dos lugares e das longas viagens marítimas.

Notadamente, dois personagens gregos se destacam nesse contexto geográfico, um deles é Eratóstenes de Cirene (276-194 a.c), que configurou cálculos mensurando a curvatura da Terra, localizou mares, montanhas e rios e realizou estudos sobre hidrografia e climatologia, observou as chamadas latitudes e longitudes e informações sobre as cheias do rio Nilo. Certamente, a precisão dos dados pode hoje ser questionada; contudo, para o contexto em que foram compilados, esses dados tiveram uma importância inestimável. O outro personagem é Heródoto, historiador e filósofo (484-425 a.C), considerado por muitos como o "pai da geografia", agregou o contexto cultural dos povos à geografia, sendo relacionado aos conceitos de geografia regional.

Os gregos apresentaram, por muito tempo, contribuições de valor significativo no contexto geográfico, como os estudos de Estrabão (64 a.C.-20 d.C.), que descreveu inúmeras regiões com detalhes sobre o ambiente físico e, principalmente, a interferência humana sobre esses espaços. Cabe também destacar a figura de Ptolomeu (90 a.C.-168 d.C.), astrônomo e matemático, que teve como elemento importante dentro de sua produção a elaboração de mapas com técnicas de projeções cartográficas. Desenvolveu princípios para construção de globos, relatados em sua obra *Geographia*, na qual se pode encontrar, ainda, bases para a matemática. Ptolomeu localizou, por meio de coordenadas geográficas (latitudes e longitudes), um número extremamente importante de lugares – algo em torno de 8 mil (Dantas; Medeiros, 2011).

Autores como Hermann (1968) e Bakker (1965) corroboram a perspectiva de que a Grécia contribuiu para o desenvolvimento das bases da ciência denominada geografia. É necessário destacar que não temos aí uma escola geográfica estabelecida, mas sim bases formadas, que posteriormente serviriam de apoio para enriquecer ainda mais essa ciência. Escolas gregas como a jônica, a itálica, a eleata, assim como a pluralista, com seus respectivos representantes (Tales de Mileto, Anaxímenes, Anaximandro, Heráclito, Pitágoras de Samos, Árquitas de Tarento, Parmênedes, Empédocles de Agrigento, entre outros), não podem deixar de ser mencionadas nesse conjunto de constructos que, de alguma forma, iriam se alinhar com o desenvolvimento da geografia nos séculos seguintes.

Essas escolas apontaram elementos como clima, rios, mares e suas influências na superfície terrestre e demonstraram o magnetismo da Terra. Anaximandro de Mileto apontou que o Sol iluminava a Lua, além de inferir sobre as forças centrípetas que mantinham a Terra na órbita solar. Nesse mesmo caminho, Pitágoras elaborou configurações sobre astronomia, como a velocidade diferenciada de cada planeta, e caracterizou uma modificação nas estações do ano, indicando que o movimento de rotação da Terra tinha relação com a sucessão dos dias e das noites. Empédocles de Agrigento, por sua vez, destacou o ar, o fogo, a água e a terra como elementos primordiais, além de afirmar que da água teriam evoluído os demais elementos, algo próximo aos conceitos da hidrografia (Godoy, 2010).

A contribuição grega ainda pode ser observada quando destacamos Megástenes, que relatou dados importantes sobre a Cordilheira do Himalaia, e Píteas, que ao explorar o norte/noroeste da Europa relatou o fenômeno do Sol da meia-noite e as auroras boreais. Por outro lado, Hecateu de Mileto descreveu, de maneira muito interessante, o Egito, e em um relato de suas viagens elaborou um mapa, no qual aprimorou os dados de Anaximandro (Godoy, 2010).

Ainda no que tange aos gregos, Aristóteles merece destaque em razão das suas contribuições ao desenvolvimento das ciências. Podemos destacar contribuições nos campos da filosofia, da biologia, da zoologia, da física, da história natural, da ética, da política, da psicologia, da metafísica, da medicina, da poesia, da retórica, entre outras. Além disso, Aristóteles, ao estudar o cosmos, se aproxima definitivamente da Geografia (Godoy, 2010). Ele ainda elaborou teorias sobre a formação dos corpos celestes, que considerou uma "quinta essência", ou seja, não formados nem por água, nem por fogo, nem por ar, tampouco por terra; e fez também importantes análises dos animais, formulando conceitos-chave para a biogeografia e para a zoogeografia.

Conforme Godoy (2010), a Grécia contribuiria com as bases políticas (geopolítica) de Platão e Heródoto. Esse último inferiu, a partir de estudos sobre fatos históricos, bases para a geografia histórica; enquanto Hipócrates contribuiu para as análises de enfermidades relacionas ao clima, ou ao meio em que as pessoas viviam. Entre os mais próximos da geografia, por assim dizer, merece destaque Eratóstenes de Cirene, que, além de criar a esfera armilar (instrumento astronômico para representar círculos da esfera celeste), calculou, de forma magistral, a esfericidade da Terra, com auxílio da trigonometria, e catalogou 675 estrelas, além de determinar uma distância entre a Terra e o Sol (com muita precisão).

Por fim, cabe lembrar a contribuição de Hiparco, que, apoiando-se na astronomia e na trigonometria, introduziu na Grécia, com base nos conhecimentos babilônicos, a graduação sexagesimal do círculo, definindo a rede de paralelos e meridianos. Somando-se a ele, Ptolomeu incluiu as coordenadas geográficas (latitudes e longitudes) e em sua obra *Megalé Sintáxis* tratou do Sol, da Terra, da Lua, do astrolábio, dos eclipses, das elipses e de cinco planetas; e em sua outra grande obra, *Almagesto*, descreveu observações astronômicas, postulando sobre o Geocentrismo, ou seja, a Terra como centro do sistema solar (Godoy, 2010). Toda essa configuração que conhecemos como cultura grega reunia um agrupamento de culturas múltiplas, incluindo dialetos diferentes, como o micênico, o árcado-cipriota, o eólico (*aiolico*), o dórico, o iônico, assim como o ático, culturas de significativa importância, identificadas pelas inúmeras evidências encontradas enquanto registros, tanto arqueológicos quanto material escrito. De forma introdutória, a civilização grega é aquela que deixou um dos principais legados ao mundo ocidental, principalmente no que tange à concepção de democracia (Godoy, 2010).

Para entendermos os gregos, partimos do pressuposto de que compreender sua estrutura organizacional é primordial, uma vez que não viviam em um país como entendemos atualmente, mas em um Estado-nação. Viviam em cidades-estado independentes, que, no seu conjunto, formavam a Hélade (motivo que levava os gregos a serem reconhecidos por helenos), e as cidades-estado eram conhecidas como *pólis*, com destaque para Atenas, Esparta e Tebas. Dentre os agrupamentos que formariam as pólis, povos que migraram do norte, como Aqueus, Dórios, Jônios e Eólios, moldariam as bases dessa complexa civilização.

A civilização grega constituiu-se de grupos que vieram da Europa central, onde encontraram os habitantes heládicos e micênicos. O elemento que unificou esses povos pode estar vinculado à escrita fenícia, utilizada por esse povo, que tinha o Mar Mediterrâneo como fonte de subsistência, tanto alimentar como comercial. O território fenício estava localizado onde se encontra atualmente o Líbano; contudo, a Fenícia era dividida em cidades-estado como Tiro, Biblos e Sídon, sendo Biblos a mais relevante em termos de produção de azeite, vinho e madeira, suprindo outros reinos, incluindo o egípcio (Mokhtar, 2010).

Alguns pontos eram comuns para o encontro desses povos, dentre eles Olímpia (e os jogos), assim como o Oráculo de Delfos, como podemos observar em Silva (2012, p. 6):

> O oráculo de Delfos representa o maior santuário religioso do mundo grego, mas não dispomos de relatos que deem conta dos rituais e das práticas relacionadas a eles. No entanto, o santuário do deus Apolo atua como uma instituição não somente religiosa, mas política. Há incontáveis relatos de autores antigos que nos trazem as palavras proferidas em Delfos como motrizes de ações políticas no mundo grego.

A convivência não era necessariamente harmoniosa. Conflitos entre esses povos percorreram o tempo, até aproximadamente 750 a.C., e conforme foi surgindo uma identidade entre eles, as tensões passaram a reduzir-se, num período próximo ao tempo em que viveu Homero, a quem se credita a autoria das obras *Ilíada* e *Odisseia*. Dessa aproximação, nascem três grandes centros filosóficos:

1. A Turquia Ocidental, também conhecida como Ásia Menor, ou ainda, como território da Lydia, próximo ao local onde o rio Caister deságua no Mar Egeu, em que se encontravam cidades como Mileto e Éfeso. Nesse ambiente, floresceram as ideias de Tales de Mileto[i] e Heródoto;

---

i. "Com as contribuições abrangendo além da filosofia da natureza, astronomia e matemática, Tales de Mileto (624-556 a.C.), notadamente para a cosmologia preconizou a existência de um princípio ou substância fundamental, a água, para explicar a estrutura e funcionamento do cosmos. Na astronomia, contribuiu para a introdução dos seus fundamentos, aprendidos em suas viagens pelo Egito e outras regiões do Oriente. Especulou sobre as dimensões e a órbita do Sol e da Lua, mediu o intervalo entre os solstícios e estudou as estrelas. Na matemática, com mensurações baseadas em princípios, propôs uma série de teoremas trigonométricos" (Godoy, 2010, p. 17-18).

2. A própria Grécia, onde se encontrava Atenas como o centro fundamental do pensamento filosófico e das bases da democracia;
3. A Itália inferior (sul da Itália) ou região do Dodecaneso, arquipélago localizado a 50 km de Mileto. Nesta região (ilha de Samos), nasceu Pitágoras[ii], que figura entre os principais filósofos, matemáticos e astrônomos.

Durante o século VI a.C., as duas principais cidades-estado gregas eram Atenas e Esparta, sendo que a primeira, juntamente com Tebas e Mégara, pertencia à parte continental; já Esparta, assim como Corinto, localizava-se no Peloponeso[iii]. O conflito no qual essas cidades se envolveram mudaria os rumos da civilização grega para sempre.

Com o início da decadência das aldeias homéricas, que se organizavam em clãs, outras organizações, um pouco maiores, começaram a surgir e, conforme cresciam, organizavam-se politicamente e militarmente no ponto mais alto, numa estrutura denominada *acrópole*, da qual a cidade acabava se estruturando ao redor. Esse modelo acabou conhecido como cidade-estado, sendo Atenas, Tebas, Mégara, Mitilene, Cálcis, Esparta e Corinto as mais conhecidas. Atenas e Esparta possuíam população muito superior que as demais (Silva, 2012).

---

ii. "Profeta, místico, filósofo, astrônomo e matemático grego nascido [...] na ilha jônia de Sámos, na Anatólia, cidade rival comercial e a cerca de 50 km de Mileto, numa das ilhas do Norte [...], [também conhecida como] Ásia Menor, fundador da Escola de Crotona, responsável pela descoberta dos **números irracionais**, o maior feito teórico dos **pitagóricos**, e do famoso **Teorema de Pitágoras**" (Pitágoras de Sámos, 2016, grifo do original).

iii. "O **Peloponeso** é uma extensa península no sul da Grécia, separada do continente pelo Istmo de Corinto. Etimologicamente, o seu nome deriva do antigo herói grego Pélope, filho de Tântalo e antepassado dos Atridas, o qual teria dominado toda a região, e da palavra grega que designa ilha, νησος, donde teríamos o nome **Ilha de Pélops**. Note-se, por exemplo, a presença deste último elemento numa outra designação geográfica do país – as doze ilhas que constituem o arquipélago do Dodecaneso, palavra grega que significa precisamente doze ilhas" (Peloponeso, 2016, grifo do original).

Conforme Burns (1968), as cidades-estado foram evoluindo gradativamente, primeiramente eram monarquias, passando a oligarquias, que foram derrubadas por tiranos ou ditadores, para, nos séculos V e VI, tornarem-se democracias e, em alguns casos, "timocracias[iv]". Basicamente, as mudanças no campo da política entrelaçam-se com as questões da produção e da propriedade da terra. A concentração de terras pode ter revelado poderes diferentes, ou seja, quem adquirisse mais terras apresentaria maiores poderes, originando, nessa sociedade, um sistema de conselho governamental.

Esse poder que emanava da estrutura organizacional grega era reforçado, de forma importante, por sua localização. A Grécia, por ter uma localização estratégica, tanto para a defesa quanto no que tange ao comércio, favorecia-se da facilidade de circulação, uma vez que tinha a seu dispor o Mar Mediterrâneo, o Mar Egeu, o Mar Jônico, o Mar de Creta ou mesmo o Mar Negro. Essas possibilidades acabavam favorecendo inclusive o contato com outras civilizações e a entrada e saída de pessoas e mercadorias, fazendo com que a produção fosse cada vez maior. Dessa forma, a expansão urbana foi uma consequência inevitável, e o poder econômico passou a ser determinante em questões expansionistas.

Muitas levas migratórias ocorreram pela busca de novas terras, principalmente quando havia muita terra concentrada nas mãos de poucos. Essas migrações resultaram em novas cidades-estado. A chegada dos espartanos ao Peloponeso deu-se por um grupo de invasores, organizados num exército, que, por muitos anos, duelou contra os micenenses, que já habitavam a região. É apreciável que, ao conquistarem a região, após muitos anos de batalhas, a cultura

---

iv. "Governos baseados sobre uma classificação das propriedades para o exercício dos direitos políticos" (Burns, 1968, p. 194).

militar já predominava entre os espartanos. Essa "liberdade tardia" conquistada pelos espartanos colocou-os numa situação inferior às demais cidades-estado gregas, pois muitas outras haviam se desenvolvido por conta do comércio e da produção de bens, restando aos espartanos defender-se militarmente (Tucídides, 2001).

No final do século VIII, ao conquistar Messênia, uma planície fértil, Esparta viu sua população aumentar significativamente. Mesmo apresentando certa prosperidade, a apreensão era constante, uma vez que os povos expulsos pelos espartanos constantemente tentavam reaver suas terras, até quando, apoiados em Argos, levantaram-se numa sangrenta batalha, vencida pelos espartanos. A guerra deixou marcas culturais nos espartanos, pois a ordem era exterminar tudo para que, dessa forma, a vitória em tão duradoura guerra não lhes trouxesse nenhuma surpresa futura (Tucídides, 2001).

Os espartanos, eram divididos em classes: os esparciatas, descendentes dos "conquistadores"; os periécos, aqueles que viviam ao redor, na periferia; e os hilotas, servos de modo geral, que estavam vinculados à terra e eram responsáveis por prover o sustento de todos com o cultivo da terra – os hilotas estavam submetidos aos donos das terras, e quando estas eram vendidas, vendiam-se juntos os servos. Além disso, os espartanos estavam economicamente condicionados ao exercício militar, pois suas provisões destinavam-se primeiramente à máquina de guerra, a fim de garantir suas defesas – o que pode ter contribuído, em larga escala, à diferenciação cultural entre as demais cidades-estado que compunham o universo grego (Tucídides, 2001).

Por sua vez, Atenas caminhou em rumos muito diferentes dos de Esparta, pois sua formação não teve o mesmo peso das invasões, de povos subjugados por outros e de ameaças constantes de invasões. Em Atenas, o clima era de comércio próspero e de atividade urbana intensa, que em meados do século VIII a.C., assim como outras cidades-estado, passou de monarquia para oligarquia. Seu vínculo com a agricultura contribuiu para essa transição, quando o plantio de uvas e oliveiras selecionou, por questões econômicas, quem continuaria no ramo, uma vez que a entressafra demandava recursos pesados, o que acabou por desestimular os pequenos produtores, forçando-os a vender suas pequenas porções de terras, num processo de exclusão dessa classe (Tucídides, 2001).

As transformações que se seguiram resultaram de ações e reformas políticas, que ora privilegiavam determinada classe, ora outra, como a criação do Conselho dos 400, proposta por Sólon em 594 a.C. (Burns, 1968), cancelando dívidas, numa tentativa de reestruturação de Atenas. Essa ação, porém, desencadeou um descontentamento das classes mais abastadas, que se sentiram desconfortáveis com a perda de privilégios, uma vez que os mais pobres reivindicavam também participação no conselho (Tucídides, 2001).

Outras tentativas de reestruturação de Atenas foram realizadas por Pisístrato, Hípias de Elis, Iságora e também por Clístenes, que concedeu maior participação ao povo, criando o Conselho dos Quinhentos. Esse conselho, no entanto, não obteve bons resultados, uma vez que ficou conhecido como ostracismo[v], dependendo de um grande número de participantes a fim de evitar o uso irrestrito dessa prática. Contudo, foi com a ascensão de Péricles ao poder que Atenas atingiu um processo democrático mais equalizado, principalmente com a criação do Conselho dos Dez Generais. Politicamente, o avanço alcançado por Péricles dizia respeito ao

---

v. O termo *ostracismo* refere-se ao uso, em assembleias, de "fragmentos de cerâmica em forma de ostra (ostrakón), onde [os atenienses] escreviam secretamente o nome dos acusados. Aquele que tivesse seu nome citado mais de seis mil vezes, era condenado ao ostracismo" (Sousa, 2016).

poder que a assembleia passou a ter, inclusive de destituir o próprio Péricles, ou quem lhe sucedesse. A participação do povo nas decisões, incluindo as jurídicas, levou Atenas ao máximo de sua organização política, de ordem, e de justiça (Tucídides, 2001).

A história de Atenas está relacionada a duas grandes guerras, sendo a primeira (em 493 a.C.) contra os invasores persas e a segunda, a Guerra do Peloponeso[vi], contra Esparta, que resultou na ruína de Atenas. A guerra contra os persas levou Atenas a firmar acordos com outras cidades-estado da Grécia, formando a Liga de Delos, que contribuiu para o alcance da tão sonhada paz. Mesmo com o fim da guerra, os atenienses não dissolveram a liga e continuaram a participar desse grupo, provavelmente por medo de novos ataques; porém, Atenas passou a tomar as rédeas do grupo e a usá-lo a seu favor (Tucídides, 2001).

A opressão passa a imperar em Atenas, a cobrança de tributos de outras cidades-estado levou Esparta a levantar suspeitas sobre as reais intenções de Atenas (que já sinalizava invadir e tomar para si as rotas comerciais entre Itália e Sicília), interferindo diretamente no comércio de Corinto, principal aliado espartano. Dessa forma, o conflito seguiu-se pelos anos 431 a.C. até 404 a.C., com perdas significativas para ambos os lados.

Esparta impôs violenta destruição a Atenas, que, na sequência, teria sido aplacada por uma grande peste, o que facilitou que Esparta dominasse a Grécia, impondo um modo tirano de domínio; o confisco de terras e os assassinatos eram práticas comuns-nesse período, principalmente aos opositores, até 371 a.C., quando Epaminondas (Tebas), iniciou um novo período em solo grego (Tucídides, 2001).

---

vi. Segundo Tucídides (2001), a Guerra do Peloponeso durou vinte e sete anos (431-404 a.C.).

Nos mesmos modelos de Atenas, Esparta organizou-se numa coligação, e nos anos que se seguiram ambos os lados experimentaram dolorosas perdas. Entretanto, com a morte de Epaminondas, Esparta declarou-se vencedora, mesmo inteiramente fragmentada, com volumosas revoltas e politicamente destruída, sobrando apenas seu legado cultural inabalado. Essa fragilidade foi percebida por Filipe da Macedônia, que, em 338 a.C. já havia dominado toda a Grécia, exceto Esparta. A morte de Felipe (por assassinato, em 336 a.C.) parecia dar fim ao período de invasões, mas seu filho, Alexandre (magno/grande), assumiu e deu números ainda maiores aos territórios conquistados, conforme indica Burns (1968, p. 207):

> Alexandre concebeu o grandioso projeto de conquistar a Pérsia. Sucederam-se as vitórias até que, no pequeno espaço de doze anos, todo o antigo Oriente Próximo, do Indo ao Nilo, foi anexado à Grécia sob o domínio pessoal de um único homem. Alexandre não viveu para gozar seus feitos por longo tempo. Em 323 a.C. caiu doente com a febre dos pântanos da Babilônia e morreu com a idade de 33 anos.

Filipe, enquanto governava, confiou à Aristóteles a educação de seu filho, Alexandre. Aristóteles nasceu em Estagira (383 a.C.), que ficava na Calcídica, território macedônico, mas influenciado por Atenas, pois o grego era língua oficial nessa cidade. Notadamente, Aristóteles teve laços estreitos com a geografia, uma vez que postulou sobre a esfericidade da Terra[vii], assim como estimulou Alexandre a desvendar os mistérios dos territórios que os cercavam, principalmente com a possibilidade de conquistar o grande e desejoso território persa (Tucídides, 2001).

O legado de Alexandre não tomou as proporções das suas próprias conquistas, exemplo disso foi o Egito, que não deixou de ser egípcio, ao contrário, tornou-se resistente ao orientalismo que porventura a Europa poderia lançar sobre os egípcios; mesmo a Pérsia, tomada por Alexandre, não adotou os costumes denominados *helênicos*.

Enquanto o império de Alexandre aumentava em termos territoriais, fragmentava-se internamente, recheado de conflitos por poder, de lideranças que questionavam as ideologias de seu líder maior e reclamavam maior atenção em termos de pagamentos pelas conquistas realizadas. Historicamente, essa fragmentação interna era uma preocupação real, uma vez que muitos outros governos sucumbiram diante de atos de traição e revoltas ao longo do tempo (Tucídides, 2001).

Insubordinações, traições, revoltas e a condição física do próprio Alexandre (adoecido por uma moléstia contraída nos pântanos) despertavam nos inimigos o desejo de reaver o que fora perdido. Gradativamente, o comércio pelo Mar Mediterrâneo ganhava

---

vii. "Os primeiros registros conhecidos do conceito da Terra esférica são da Grécia antiga. Acredita-se que, por volta dos séculos VI ou V a.C alguns matemáticos gregos já concebiam uma Terra esférica. Além das evidências verificadas na Astronomia, podia-se perceber a curvatura da superfície da Terra, por exemplo, observando-se os navios se afastando no horizonte. Com apenas 10 km de distância da costa, parte do casco de um navio já não é visível. A partir dos 20 km vê-se apenas os mastros, até o completo desaparecimento. No século IV a.C o conceito de Terra esférica já era aceito por boa parte dos filósofos gregos. Por volta de 350 a.C, Aristóteles formulou seis argumentos para prová-lo e relatou uma estimativa da circunferência da Terra, talvez de Eudoxo, de 400 mil estádios (cerca de 60 mil km)." (Boyer, 1974, p. 65-66).

mais volume, principalmente com os fenícios[viii], que passaram a dominar o comércio nessa região (Magnoli, 2009).

A circulação cada vez mais frequente dos fenícios em águas mediterrâneas despertou, além de um desconforto, o interesse de outro grupo importante culturalmente: os romanos. Inevitavelmente, um confronto entre a República de Roma e a República de Cartago se desencadearia, culminando nas históricas Guerras Púnicas[ix] que, como resultado, devolveram o domínio do Mar Mediterrâneo aos romanos (Magnoli, 2009).

Historicamente, nas batalhas travadas entre Oriente e Ocidente, a porção ocidental inúmeras vezes foi alvo de invasões, principalmente de povos nômades, que levaram os romanos a perdas significativas e, consequentemente, ao seu enfraquecimento em termos de defesa, abrindo espaço para a entrada dos muçulmanos, os quais adentraram a Península Ibérica via Estreito de Gibraltar. Essas sucessivas invasões forçariam o exército romano a recrutar "estrangeiros"[x] pois a cada confronto, o número de baixas era significativo no lado romano (Magnoli, 2009).

Desse modo, percebemos que a construção cultural pode ser resultado das transformações ocorridas ao longo da história, uma vez que as culturas podem absorver elementos umas das outras, seja naturalmente ou por imposição. O destaque de elementos culturais de gregos e romanos é recorrente nos livros já publicados e utilizados de forma didática. No entanto, precisamos ultrapassar esse limite e apontar para algo mais, talvez desconstruindo a ideia

---

viii. "Fenícia era uma cidade-estado de Cartago, localizada ao norte da África" (Magnoli, 2009, p. 36).

ix. "O adjetivo púnico deriva do nome dado aos cartagineses pelos romanos (*Punici*) (de *Poenici*, ou seja, de ascendência fenícia)" (Magnoli, 2006, p. 59).

x. "Entende-se por estrangeiros aqueles que não eram romanos, como os povos Germânicos, que migravam maciçamente da Escandinávia em direção ao oeste" (Magnoli, 2006, p. 83).

de que somente é relevante o destaque aos gregos e romanos, pois historicamente, e principalmente na Europa, a presença do povo árabe teve significativa importância. Os relatos sobre os gregos e os romanos que foram mencionados nos dão abertura para perceber que, ao entrar em desgaste por conta de sucessivas batalhas, o corpo do exército romano carecia, a cada dia, de mais soldados, e suprir essa demanda esbarrava num princípio importante dentro da concepção ideológica romana, essa mistura cultural.

Como a localização estratégica dessa região, principalmente a Mediterrânea, sempre foi a tônica dos grandes conflitos, o enfraquecimento de gregos e romanos abriu caminho para que os outros povos adentrassem e dominassem esse espaço, impondo nova cultura, novos hábitos, novas práticas, assim como novas formas de desenvolvimento, com destaque aos muçulmanos, que deixaram um legado cultural de extrema importância para o continente Europeu.

2.2 Andaluzia (Al-Andalus) – os árabes na Europa

Os motivos para retirar os árabes da história de desenvolvimento da Europa são obscuros; contudo, estabelecer uma relação entre o fim da hegemonia greco-romana e o desenvolvimento cultural europeu só é possível se retratarmos os feitos desses povos que adentraram a Europa, justamente pelo Mediterrâneo, para depositar ali seus riquíssimos ensinamentos, tanto linguísticos quanto artísticos e arquitetônicos.

Ao aprofundarmos um pouco mais a busca por informações a respeito da formação cultural europeia, nos deparamos com uma herança significativa deixada pelos povos árabes e muito pouco evidenciada nos livros didáticos de história e geografia, especialmente quando retornamos aos primeiros séculos, mais precisamente em 27 d.C., quando Roma deixa de ser república e passa a ser império, resultado de manobras iniciadas muito tempo antes, com Júlio César, e que conferiram a este poderes vitalícios, culminando em sua morte em 44 a.C.

Essas transformações ocorridas no contexto romano desencadearam inúmeras crises dentro do império; crises que levaram à morte inúmeros soldados, forçando os governantes a "contratarem" para seus exércitos aqueles que não eram romanos, principalmente os denominados *bárbaros* ou *estrangeiros* que já haviam se estabelecido nas margens do império. Alguns desses soldados viriam a se latinizar, outros, não; mas o fato é que, posteriormente a isso, o império passou a ser governado por imperadores-soldados, com a intenção de evitar novos conflitos (Tucídides, 2001).

Após 284 d.C., o império romano passou a ser dividido em dois: um império do Oriente e um império do Ocidente, sendo o Império do Oriente governado por Caio Aurélio Valério Diocleciano e o Império do Ocidente, por Marco Aurélio Valério Maximiano Hercúleo Augusto. Como sucessor, Diocleciano teve Constantino (272 d.C.-337 d.C.), que fundou Constantinopla abrindo espaço importante para o cristianismo (Tucídides, 2001).

Conforme Areán-García (2009), a entrada do século IV foi o início do enfraquecimento das forças romanas, principalmente no Ocidente, quando a invasão dos povos que pressionavam as fronteiras – dentre eles, os vândalos (germânicos orientais, linguisticamente ligados aos góticos), os suevos (germânicos ocidentais) e os alanos (indo-arianos) – tornou-se cada vez mais frequente, com destaque para os visigodos que, segundo Kulikowski (2008,

p. 135), "descendiam dos godos, originários da Scandza (região onde atualmente encontramos a Suécia)".

Os visigodos se dividiram em dois outros grupos, denominados tervíngios (conhecidos como *povo gótico*) e grotungos (de origens góticas, mas de forma mais distante). Os tervíngios viviam às margens do rio Danúbio, e os grotungos, às margens do rio Dnestr, de onde partiram em direção à Península Ibérica, fundando o reino visigótico. Inicialmente, eram cristãos arianos, logo, entraram em conflito com outros cristãos, mas ao longo do tempo foram se convertendo e estabelecendo um contato mais amigável. Os visigodos enfrentaram inúmeras batalhas, pois os vândalos haviam conquistado a porção norte da África, assim como os suevos tinham dominado a Hispânia, que posteriormente seria tomada também pelos visigodos.

Os visigodos reinaram na Península Ibérica até 711 d.C. quando começaram a ser atacados pelos povos árabes vindos do norte da África. Nomes como Tariq, Rodrigo, Juliano, Musa, Ardão, Abd al-Aziz ibn Musa (filho de Musa) e Pelágio pertencem a esse momento histórico, que encerrou seu ciclo quando um grupo de descontentes se aliou a Tariq, um muçulmano com poderio militar de expressão. Essa ação culminou na entrada dos árabes na Península Ibérica, encerrando o reinado de Rodrigo (visigodo) e abrindo espaço para as futuras conquistas desses povos, que espalharam seus elementos culturais, além de uma importante tolerância em termos de religião (Areán-García, 2009).

É fato que, após a morte do profeta Maomé, a expansão árabe já rondava a Península Ibérica, conforme indica Areán-García (2009, p. 32):

> Após a morte de Maomé, em 632, com a Guerra Santa, em dois anos a expansão, encabeçada pelo Califa Abū

Bakr, estendeu-se por toda a Península Arábica. Com o Califa Omar, o Império Árabe tornou-se uma teocracia com administração militar, na qual o comandante militar era também o governador civil, chefe religioso e juiz supremo. Em 645, o Império Árabe já dominara a Síria, a Palestina, o Egito e a Líbia, e, em 698, também toda a África do Norte [...]. Dessa forma, pouco mais de cem anos foi o tempo bastante para que os árabes tivessem conseguido estender sua religião e língua bem como seu domínio político em um imenso espaço que ia desde o Oceano Índico ao Atlântico.

Esse período passa a ser um momento sensível em relação ao contexto cultural na Europa, uma vez que o povo árabe levara consigo elementos culturais significativos, para um espaço embebido em conflitos entre povos, recheado de dificuldades, destroçado pela fome e por doenças, agonizando em tempos sombrios. A região de Andaluzia passa a ser a porta de entrada de uma nova cultura, impactando no desenvolvimento científico, intelectual, social e econômico. Nos séculos que se sucederam, a região seria um referencial importante na Europa (Areán-García, 2009).

Para os árabes, a busca pelo conhecimento, especialmente por meio das traduções daquilo que foi produzido pelos gregos, possibilitou um entendimento da produção arquitetônica, tecnológica, bem como da literatura e arte grega, e assim, uma assimilação rápida. Foram realizadas grandes inovações, de modo que, em menos de um século, experimentaram sucesso inclusive em termos de produção agrícola (em terras áridas), reconstruíram cidades destruídas por sucessivas invasões, restabeleceram relações comerciais e rotas importantes e, principalmente, dedicaram-se à tradução de livros gregos e latinos, para que outros povos tivessem acesso. Com uma política de tolerância religiosa, a Andaluzia tornou-se fonte referencial para estudos linguísticos, não somente para cristãos e judeus, mas para quem desejasse estudar e compreender a lingua árabe (Areán-García, 2009).

O desenvolvimento de Andaluzia mostrou-se, ao longo do tempo, uma transformação importante e necessária, pois foi por meio principalmente das traduções realizadas pelos árabes que se recuperou muito daquilo que os gregos haviam criado. Além disso, o desenvolvimento da cultura árabe foi facilitado pelas vias construídas anteriormente pelos romanos, fazendo com que mercadores que por ali transitavam tivessem contato com essa efervescência cultural em pleno território europeu (Areán-García, 2009).

Assim sendo, há de se considerar que temos um elemento cultural importante no contexto da formação do espaço geográfico europeu e que, por razões obscuras, desaparece dos livros didáticos. Parece-nos que, culturalmente falando, existiram apenas gregos e romanos; mas e o povo árabe? Por que não os estudamos com os mesmos aprofundamentos dessas outras duas bases culturais? É bem possível que estejamos nos deparando com um dos "nós" da história e do desenvolvimento cultural, principalmente o europeu, parecendo existir uma força contrária que nega a importância árabe nesse contexto.

Enquanto, por um lado, o grandioso Império Romano se esfacelava, a Andaluzia mostrava seu poder, transformando os espaços via cultura, empreendimentos arquitetônicos, novos conceitos da medicina etc. Evidentemente, o período romano pós-grego foi de importância significativa em função dos feitos culturais que afetaram, de alguma forma, as sociedades futuras, principalmente em termos de aperfeiçoamento político, tanto no caráter administrativo quanto econômico e social. Como podemos observar em

Pain, Prota e Rodriguez (2015, p. 5): "O direito romano foi adotado como modelo na maioria dos países ocidentais. Os anglo-saxões preservaram o direito consuetudinário. [...] Em matéria de política, durante a Revolução Francesa algumas das criações romanas chegaram a incendiar a imaginação de muitos líderes".

Mesmo existindo controvérsias quanto às datas oficiais de fundação e do transcorrer temporal que envolveu os romanos, para Le Roux (2013), data entre 27 a.C. e 476 d.C., já para Grant (1994), data de 753 a.C.. O certo é que a estrutura romana, assim como expandiu-se, entrou em decadência, pois, para suas lideranças, estar no poder significava requerer para si cada vez mais prestígio e glória, culminando em conflitos internos e na fragmentação da unidade existente até então.

Comumente, usa-se a expressão Império Romano para designar essa expansão territorial ou mesmo para destacar um período histórico, cultural e social, que pode ser entendido, segundo Joly e Faversani (2014, p. 11), como "um vasto território, da Britânia ao Egito, da Lusitânia à Síria. Além disto, engloba uma população de cerca de 60 milhões de pessoas que se articulam mediante as mais diversas formas de organização política de caráter local e regional". Porém, esses autores também ressaltam que nos estudos concretos sobre o Império Romano, essa suposta unidade desaparece, de tal forma que "não se trata mais de pensar em Império Romano, mas sim em 'Impérios Romanos'" (Joly; Faversani, 2014, p. 11). Eles apontam, ainda, que cada estudo recorta um domínio amplo, imenso e designado pela expressão "Império Romano", salientando que, "em resumo, ninguém estuda 'todo' o Império Romano, mesmo assim dificilmente delineia qual 'parte' desta ampla designação é objeto de seu estudo" (Joly; Faversani, 2014, p. 11).

O que fica evidente é que estabelecer algo concreto em relação aos romanos, não é tarefa das mais simples. Todavia, sua contribuição ao desenvolvimento, principalmente em termos de estrutura das cidades, não pode ser menosprezada, pois é nesse momento que as estruturas urbanas, os arruamentos, os arranjos das cidades começam a ganhar força. Coube a Roma representar e traduzir o sentido pleno da Urbs, conforme nos aponta Le Roux (2013, p. 24): "durante o Alto Império, a Urbs acumulava, concentrava e abrangia tudo ou quase tudo que existia no mundo conhecido [...]. [era] dotada [...] de programas de desenvolvimento arquitetônico determinados pelos imperadores"; entre outras características, residia o fato de que era "cosmopolita, [...] vivia em simbiose com o restante do Império, não esquecendo nunca, contudo, que além de capital, também era uma cidade (Le Roux, 2013, p. 24).

Essas questões sobre os elementos culturais vinculados à Urbs podem ser mais bem observadas junto aos detalhes que nos parecem familiares com aquilo que encontramos nos dias atuais:

> Todo o espaço urbano foi sendo progressivamente remodelado por suas iniciativas, a partir de 7 a.C., afetando as catorze regiões da Roma antiga, que cobriam cerca de 1.450 hectares e abrigavam cerca de 1 milhão de habitantes, provavelmente sem contar as áreas e a população dos bairros (os *continentia*). Cada região foi redistribuída em quarteirões, os *vici*, cujo total montava a 265 [...]. ao mesmo tempo foram criadas associações de bairro, presididas por um *magister* de origem modesta (um membro, frequentemente um liberto, da *plebs ínfima*), o que atribuía ao povo humilde das classes operárias o seu próprio papel

na manutenção da ordem pública e na perpetuação da memória dos imperadores. (Le Roux, 2013, p. 24)

É possível perceber que, se por um lado os romanos desenvolviam seus territórios e estruturavam uma complexa organização urbana, por outro, abriam uma lacuna, um vazio em termos de produção do pensamento científico, talvez já por forte influência da Igreja Católica, ou mesmo devido à decadência desse mesmo império.

Segundo Costa e Rocha (2010, p. 27):

> A partir da decadência do Império Romano do Ocidente no século V, ocorreu na Europa um retrocesso do pensamento. Foram descartadas importantes contribuições realizadas pelos gregos. Entre elas podemos destacar a negação da esfericidade da Terra, entendendo-a como um disco plano. O sistema de produção feudal e a fragmentação do poder e do espaço, somados com a intensa influência exercida pela igreja católica, contribuíram para a retração do pensamento científico. Neste contexto histórico os conhecimentos que se enquadravam na geografia ficaram estagnados, havendo poucos avanços.

Desse modo, é possível relacionar a decadência do Império Romano com a expansão do mundo árabe. Se, por um lado, os romanos deixaram-se obscurecer pelas forças da igreja dominante de outrora, os árabes, por sua vez, estavam sedentos de conhecimento, e trataram de resgatar muito daquilo que, para os gregos, fora de suma importância. Historicamente, a Europa foi invadida por bárbaros, vindos do norte, e por árabes, que adentraram pelo sul; e nos anos que se seguiram, por bárbaros, romanos, árabes, somando-se a esses os povos que eram cristãos, e que, de alguma forma defenderiam constantemente suas conquistas (Costa; Rocha, 2010).

Cronologicamente, a Europa árabe se estabelece com Tariq ibn Ziyad, em 711 d.C., passando pelos domínios do Califado omíada de Damasco (711-756), emirado de Córdoba (756-929), Califado de Córdoba (929-1031), primeiro período de reinos dos Taifas (1031-1090), Período Almorávida (1090-1146), segundo período de reinos de Taifas (1145-1150), Período Almóada (1146-1228), terceiro período de reinos de Taifas (1228-1262), Reino Nasrida de Granada (1238-1492) (Costa; Rocha, 2010).

Em 1492, os reis católicos entram em Granada, que era tida como o último reduto árabe na Europa, o mesmo ocorria ao norte, pois os germânicos firmavam-se e passavam a estabelecer novas linhas culturais que iriam florescer nesse território. Certamente, muitos estudos sobre a Europa minimizam seu contexto numa sequência pura e simples de gregos e romanos (cultura greco-romana), e muito se esquece da participação cultural em termos árabes. Assim sendo, é necessário resgatar o fato de que a cultura europeia muito deve ao desenvolvimento do pensamento árabe, que nos parece, é forçado ao esquecimento, é obscurecido em muitas literaturas.

2.3 A geografia humanista--cultural (contexto histórico)

Na perspectiva da geografia humanista-cultural, o homem passa a ser analisado como parte integrante do meio no qual está inserido, respeitando assim a importância de seus valores e costumes, seus sentimentos e sua experiência. Essa observação nos remete ao entendimento de que, com o passar do tempo, os estudos em geografia passaram a demonstrar que os elementos culturais tinham, de fato, algo relevante e significativo, que poderia auxiliar nas buscas de respostas aos questionamentos inerentes às transformações do espaço.

Para uma melhor compreensão, Gomes (2003, p. 46), embasado em Claval (1982), aponta que, na história da geografia, encontramos três momentos distintos: "tempos heroicos, clássico e moderno", e correspondem aos três grandes "recortes" do pensamento geográfico, sendo eles, respectivamente: "a sistematização da explicação pela descrição metódica de Humboldt e Ritter nos fins do século XVIII, a institucionalização da disciplina pela compartimentação do conhecimento geográfico no final do século XIX e a transformação da geografia em Ciência Social" (Gomes, 2003, p. 46) a partir da década de 1950 (Matozo, 2009)[xi].

Gomes (2003, p. 225) pontua ainda que não somente a geografia passou por transformações significativas, mas:

> A física, a biologia e a psicologia, por exemplo, colocaram problemas dificilmente tratáveis através da linearidade positivista. Os vinte primeiros anos do século XX são caracterizados pela relatividade, pela descontinuidade e, de certa maneira, pelo sentimento de incerteza e de indeterminação na ciência.

---

xi. Alguns trechos deste capítulo foram extraídos da dissertação de mestrado de Matozo (2009), autor deste livro.

Tal consequência alterou a forma de pensar e rompeu com o modelo positivista de então, e as transformações dentro da geografia apareceram de forma dualista: a geografia quantitativa, sistêmica, e a geografia marxista (Gomes, 2003). Essas duas correntes juntar-se-iam, a partir de 1980, a uma terceira, denominada *geografia humanista* (Matozo, 2009).

A geografia humanista foi uma resposta ao dilema epistemológico geral da geografia, conforme indica Amorin Filho (2007, p. 23-24):

> Tudo isso fez com que um dilema fundamental fosse colocado para os defensores dos dois principais paradigmas de Geografia mundial desde o pós-guerra: a Geografia Teorética e Quantitativa (neopositivista) e a Geografia Radical/Crítica (neomarxista). Este dilema era e é: ou elas se cristalizavam nas suas certezas absolutas e assim se transformavam em dogmas religiosos; ou elas se renovavam, incorporando mudanças cujos fundamentos não se encontravam em suas matrizes epistemológicas originais.

De posse dessas afirmações percebemos que os debates fortalecem a corrente geográfica denominada humanística, e mesmo essas duas orientações epistemológicas (humanista e cultural) "apresentando características aparentemente contraditórias conseguem manter uma unidade maior na Geografia por serem plurais" (Amorin Filho, 2007, p. 24). Por sua vez, Gomes (2003) indica que a geografia humana, por não ver apenas o homem, mas sim a sociedade como um todo, contendo em si uma uniformidade, pode ter contribuído para que a geografia do comportamento ou percepção adentrasse as searas da geografia humanista, principalmente após a tradução e a publicação do livro *Topofilia* (1980), do geógrafo Yi-Fu Tuan (Matozo, 2009).

Historicamente, no Brasil, a geografia da percepção encaminha-se primeiramente na Universidade Estadual Paulista "Júlio de Mesquita Filho" (Unesp) de Rio Claro, em São Paulo, especialmente com as contribuições de Lívia de Oliveira (2002) e suas traduções de Yi-Fu Tuan, dando sustentabilidade para os novos debates acadêmicos. Conforme Claval (2007, p. 9), Lineu Bley e Lucy Machado formam, juntamente com Lívia de Oliveira, "as bases da Geografia da Percepção e Cognição e os fundamentos da abordagem Humanista-Cultural em Geografia no Brasil" (Matozo, 2009).

A geografia da percepção tem origem nos estudos behavioristas norte-americanos[xii], mas no Brasil sofreu influências de Piaget[xiii], muito presente nos trabalhos de Oliveira (2002), que procurou entender a percepção e apreensão da realidade por processos de concretização e abstração. Nesse contexto, percepção, para Piaget e Inhelder (1993, p. 32), "é o conhecimento dos objetos resultantes de um contato direto com eles".

Dessa forma, percepção torna-se diferente de cognição, pois para Piaget (1973, p. 6) "o elemento principal entre o sujeito e o objeto não é a percepção e sim a ação". Para melhor explicar, Piaget separou a cognição em etapas distintas, sendo elas sensório-motora, pensamento pré-operatório, estágio das operações concretas e nível das operações formais. Essas etapas caracterizam a inteligência operatória formal, possibilitando ao indivíduo um raciocínio hipotético-dedutivo, a partir do qual poderá estabelecer, sobre

---

xii. "Os pioneiros nos estudos Behavioristas são o estadunidense John B. Watson e Ivan Petrovich Pavlov (russo), contudo, a estruturação da teoria foi de responsabilidade do psicólogo Burrhus Frederic Skinner (1953)". (Cunha; Verneque, 2004)

xiii. "Piaget desenvolveu a teoria da epistemologia genética, teoria do desenvolvimento da inteligência que consiste em parte numa combinação das teorias filosóficas existentes à época, o apriorismo e o empirismo." (Cunha; Verneque, 2004) um material simbólico e sobre sistemas de signos convencionais, valores que lhe façam sentido (Oliveira, 2007, p. 172).

Assim, a geografia humanista passa a se apoiar nas ideias de cognição e percepção, por entender que as ações humanas dentro de um determinado espaço são resultado da interação do homem com o meio, interação essa que é simbolicamente construída. Isso nos leva a entender que, quando tratamos da geografia humanista, especificamente a geografia da percepção, dos conceitos e dos elementos culturais, chegamos num ponto fundamental, uma vez que as culturas são construídas de geração em geração, repletas de signos e significados e com estruturas significantes para o sujeito, logo, perceber esses elementos é o que carrega de beleza esse caminho dentro da geografia (Matozo, 2009).

Nesse sentido, é preciso pensar o espaço representativo, que implica construções mentais como resultado do acúmulo experimental adquirido durante estágios específicos da nossa existência humana. O convívio em sociedade nos possibilita contatos diversos, que irão formar, ao longo da nossa existência, nossa carga cultural. Com o passar do tempo, passamos a desenvolver em nossas mentes relações espaciais, para podermos nos locomover com certa precisão e recordar espaços já percorridos; portanto, somos capazes, por consequência de todos esses pressupostos, de produzir mapas, denominados *mapas mentais*.

Dessa forma, articulamos todos os nossos conhecimentos adquiridos ao longo da vida numa relação espacial que pode, inclusive, ser distribuída sobre o papel, em noções de vizinhança e proximidade, ordenando os objetos segundo uma escolha própria, para que a representação indique algo referencial para quem o produziu.

Partindo desse princípio, a geografia humanista-cultural busca, na sua essência, estabelecer uma leitura que não menospreze os elementos constituintes das formulações mentais do indivíduo, e sim que abra espaço para que o mundo em que o indivíduo se insere seja devidamente representado, que sua interação cultural e social – que lhe deu as condições – e as estruturas de pertencimento àquele espaço sejam devidamente analisadas e discutidas nas mais variadas possibilidades.

Ao ser reconhecida como uma corrente que não podia mais ser menosprezada, a geografia humanista-cultural passou a dar novas respostas, fazendo novas conexões. Se para outras correntes geográficas o numérico e o estatístico eram o que interessava, para o olhar cultural era necessário – e possível – ir muito além; essa corrente conseguia ver além dos números, além das estatísticas, respondendo e apresentando soluções de forma mais contributiva, aprofundando ainda mais as discussões sobre a geografia.

Síntese

Mapa conceitual – Síntese

Abordagem humanista-cultural
Este capítulo apresentou a trajetória que envolve os elementos culturais que, de alguma forma, acabaram por dar bases ao pensamento geográfico cultural, especialmente quando mergulhamos no contexto dos gregos e romanos e de toda a sua produção ao longo dos tempos.

Andaluzia (Al-Andalus) – os árabes na Europa
Os motivos para retirar os árabes da história de desenvolvimento da Europa são obscuros; contudo, estabelecer uma relação entre o fim da hegemonia greco-romana e o desenvolvimento cultural europeu só é possível se retratarmos os feitos desses povos que adentraram a Europa, justamente pelo Mediterrâneo, para depositar ali seus riquíssimos ensinamentos, tantos linguísticos quanto artísticos e arquitetônicos.

> **A geografia humanista-cultural (contexto histórico)**
>
> Na perspectiva da geografia humanista-cultural, o homem passa a ser analisado como parte integrante do meio no qual está inserido, respeitando assim a importância de seus valores e costumes, seus sentimentos e sua experiência. Essa observação nos remete ao entendimento de que, com o passar do tempo, os estudos em geografia passaram a demonstrar que os elementos culturais tinham, de fato, algo relevante e significativo, que poderia auxiliar nas buscas de respostas aos questionamentos inerentes às transformações do espaço.

Atividades de autoavaliação

1. Quais foram os três grandes centros filosóficos surgidos pelo contato entre diferentes civilizações na Grécia Antiga?
    a) A Turquia Ocidental, a própria Grécia e a Itália inferior (sul da Itália).
    b) A Grécia, a Roma Antiga e o Oriente Médio (parte sul).
    c) A Turquia Oriental, a Alemanha Ocidental e a Itália.
    d) A Itália, a Roma Antiga e a Grécia.

2. Assinale a alternativa que completa a afirmativa de modo INCORRETO. Andaluzia foi um importante marco no desenvolvimento cultural europeu porque:
    a) a porta de entrada dos árabes para a Europa deu-se pelo Mar Mediterrâneo.
    b) o período após a morte de Maomé, em 632, passa a ser um momento sensível em relação ao contexto cultural na Europa, uma vez que o povo árabe levara consigo elementos culturais significativos, para um espaço embebido em conflitos entre povos, recheado de dificuldades, destroçado pela fome e por doenças, agonizando em tempos sombrios.

c) por Andaluzia entende-se a proposta dos gregos em estabelecer aliança com os romanos.

d) o desenvolvimento de Andaluzia mostrou-se, ao longo do tempo, uma transformação importante e necessária.

3. Com base na leitura do capítulo, os principais líderes árabes na Europa, após Tariq, foram:
   a) Califado omíada de Damasco (711-756); Emirado de Córdoba (756-929); Califado de Córdoba (929-1031); primeiro período de reinos dos Taifas (1031-1090); Período Almorávida (1090-1146); segundo período de reinos de Taifas (1145-1150); Período Almóada (1146-1228); terceiro período de reinos de Taifas (1228-1262); Reino Nasrida de Granada (1238-1492).
   b) Primeiro período de reinos dos Taifas (1031-1090); Período Almorávida (1090-1146), segundo período de reinos de Taifas (1145-1150); Período Almóada (1146-1228); terceiro período de reinos de Taifas (1228-1262); Reino Nasrida de Granada (1238-1492).
   c) Tariq em 711 d.C., passando pelos domínios do califado omíada de Damasco (711-756); Emirado de Córdoba (756-929); Califado de Córdoba (929-1031).
   d) Nenhuma das alternativas anteriores.

4. Assinale a opção que indica os principais representantes da geografia cultural no Brasil:
   a) Cosgrove, Milton Santos, Paul Claval e Yi-Fu Tuan.
   b) Lineu Bley, Lucy Machado e Lívia de Oliveira.
   c) Amorin Filho, Paulo Claval e Le Roux.
   d) Milton Nascimento, Le Roux e Lucy Brandão.
   e) Lineu Machado, Paul Claval Santos e Amorin de Oliveira.

5. Em relação à geografia humanista-cultural, assinale a afirmativa correta:
   a) Essa corrente teve como principal preocupação o trabalho com números, com estatísticas, pois essas informações relatam a verdade sobre os fatos.
   b) Essa corrente buscou ampliar as discussões dentro da geografia, utilizando-se de elementos culturais subjetivos para oferecer respostas, mesmo sem a utilização das estatísticas.
   c) Para essa corrente, somente países com baixo desenvolvimento econômico é que podem apresentar laços culturais mais fortes, pois a pobreza enriquece a alma.
   d) Dentre os principais estudiosos dessa corrente geográfica estão Estrabão e Ptolomeu.

Atividades de aprendizagem

Questões para reflexão

1. Com base nos estudos do capítulo e de posse de um mapa da Europa, identifique as principais rotas utilizadas pelos árabes para adentrar o continente europeu. Estabeleça também uma legenda para a identificação das principais cidades que faziam parte dessa rota. Com essa atividade, você compreenderá visualmente as rotas utilizadas, a dinâmica do espaço europeu e os deslocamentos ocorridos no contexto apresentado neste capítulo.

2. Após realizar a questão anterior, desenvolva um texto – com, no mínimo, 15 linhas – apontando a importância da observação do mapa e das rotas utilizadas e traçando um paralelo com o desenvolvimento técnico e industrial na atualidade e com a problemática da imigração.

Atividade aplicada: prática

Elabore um plano de aula sobre o contexto da Andaluzia, estabelecendo uma ligação com os elementos culturais que os árabes inseriram na Europa. Esse plano de aula deve conter introdução, objetivo geral, objetivos específicos, desenvolvimento, tempo previsto em horas/aulas, considerações finais e referencial teórico.

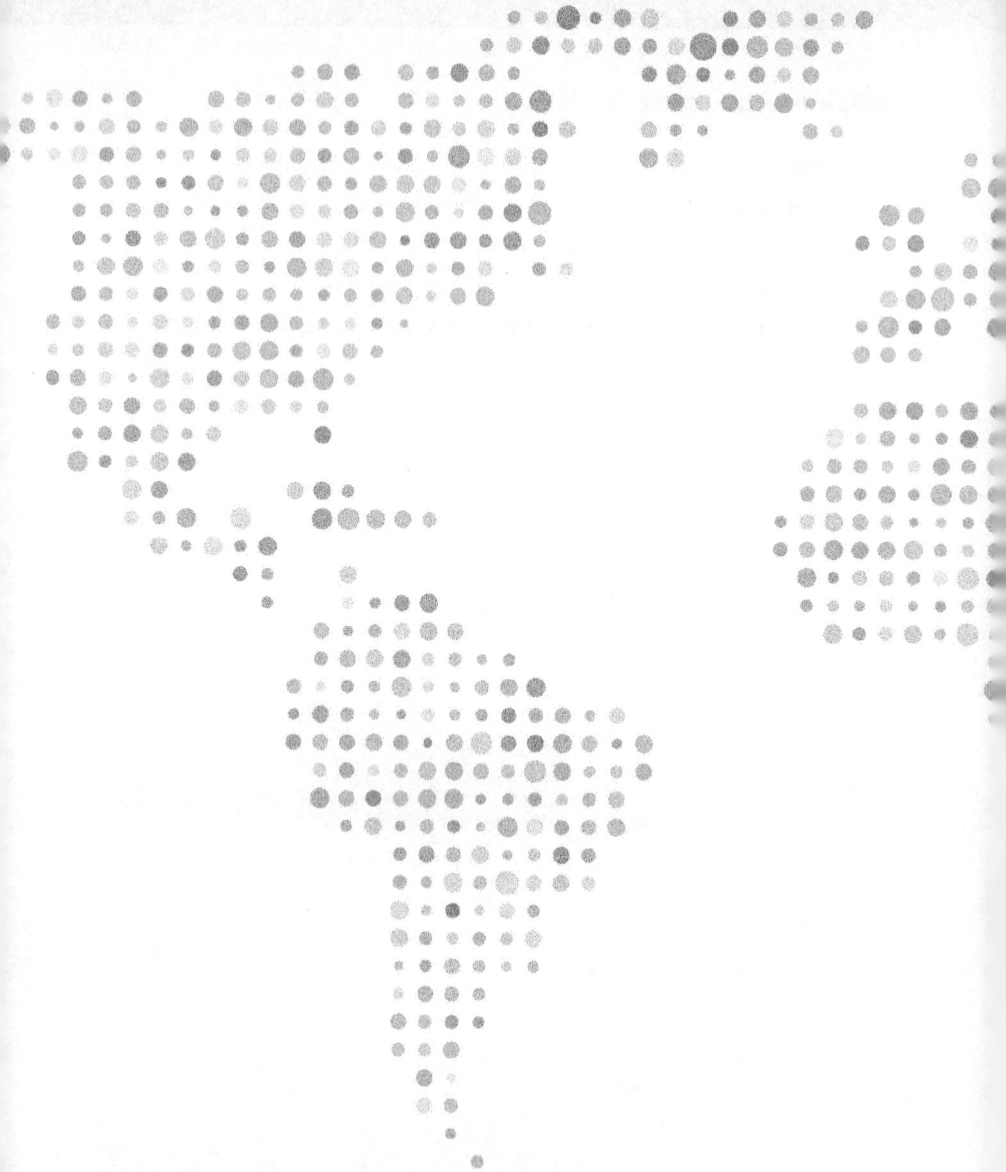

3 Categorias de análises geográficas

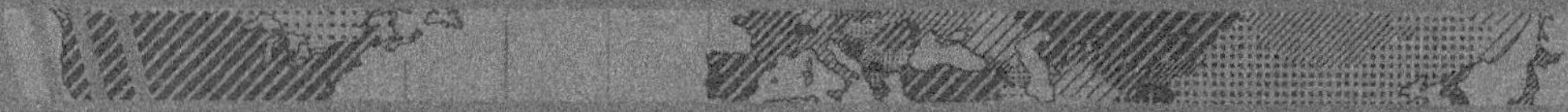

Este capítulo tem como objetivo aprofundar a discussão sobre as possibilidades que a geografia, enquanto ciência, pode apresentar aos leitores. Nesse sentido, aqui estarão presentes algumas categorias de análise, como espaço, paisagem, território/territorialidade e lugar.

Um olhar diferenciado para cada uma dessas categorias representa uma nova possibilidade de entendimento, uma vez que, fazendo isso, podemos conseguir extrair informações que, com a observação de apenas uma delas, talvez não fossem possíveis de serem compreendidas.

A geografia enquanto ciência busca entender o todo partindo das partes, e vice-versa, e é nessa complexidade que estão as respostas que tanto procuramos, de modo que elas nos forneçam subsídios, e assim busquemos um mundo mais humano e mais coerente em termos sociais, ambientais e econômicos.

3.1 O espaço

Ao observarmos a geografia enquanto ciência, podemos afirmar que seu objeto de estudo é o espaço, e coube a essa ciência desvendá-lo, utilizando, para isso, diversos enfoques diferentes. Com isso, os geógrafos passaram a utilizar recortes espaciais, aprofundando-se em categorias de análises e buscando a compreensão do todo. Essas categorias foram formuladas ao longo do tempo, em escolas geográficas diferentes, apontando suas particularidades e sua respectiva importância. Essas diferenças são resultado dos encaminhamentos feitos dentro dessa ciência, sejam elas pragmáticas, sejam deterministas, regionalistas ou modernas, que inseriram conceitos de espaço, região, território e paisagem, originalmente tratados dentro da chamada geografia tradicional (Paraná, 2008).

3.1.1 A geografia kantiana

Seguindo essa linha de observação, resgatando as bases científicas, encontramos em Immanuel Kant algumas premissas sobre o espaço. Dentre as afirmações de Kant, destaca-se a indissociabilidade entre o homem e a natureza, ou seja, não se pode conhecer o homem se não se considerar o espaço em que este está inserido, sendo essa a condição para a sua existência, entendendo que o homem se faz no espaço e o espaço se traduz nas ações do homem (Lencioni, 1999).

Ainda observando Kant, podemos aprofundar essa análise quando conseguimos perceber que, nos seus estudos, a presença da natureza já se revelava. Kant nasceu em Königsberg, na Prússia, no dia 22 de abril de 1724. Filho de um artesão humilde que trabalhava com artigos de couro, estudou no Colégio Fridericianum e na Universidade de Königsberg, da qual se tornou professor catedrático e preceptor de filhos de famílias ricas. Não se casou, não teve filhos e faleceu em 12 de fevereiro de 1804 sem nunca ter saído de sua pequena cidade. Suas ideias foram influenciadas pela leitura de obras de David Hume, Rousseau e Leibniz, entre outros. Teve sua vida baseada na "investigação do universo espiritual do homem, à procura de seus fundamentos últimos, necessários e universais", conforme afirma Chaui (1999, p. 5).

Antes de Kant, defendia-se a ideia de que a função da mente humana era assimilar a realidade do mundo sem questioná-la, importando somente o racionalismo dogmático e a experiência humana, ou seja, a experimentação das verdades impostas. Kant questiona essa realidade, propondo uma síntese entre racionalismo dogmático e empirismo (Cotrim, 2001, p. 174).

Com Kant, as questões religiosas passam a perder espaço em detrimento da racionalidade humana, ou seja, ao passo que o homem conhece a realidade do mundo, participa da construção desse mundo. Para o filósofo, seria impossível que o homem conhecesse realidades que não passassem pelo conhecimento sensível, então seria impossível comprovar a existência de Deus ou da alma humana. Segundo Cotrim (2001, p. 176), "Kant fundamentou a moral na autonomia da razão humana, isto é, na ideia de que as normas morais devem surgir da razão humana".

3.1.2 O conhecimento empírico e o conhecimento puro

A segunda grande questão de Kant é o conhecimento. Para ele, havia duas formas de conhecimento: empírico ou *a posteriori* e o puro ou *a priori*. O primeiro é fornecido pelo sentido, vem depois da experiência; o segundo não depende da experiência, nascendo simplesmente de uma operação racional e sensível, distinguindo-se do primeiro pela universalidade e necessidade (Chaui, 1999).

A partir do conhecimento puro ou *a priori*, Kant apresentará a ideia de juízo, que será classificado em dois tipos, a saber: juízo analítico e juízo sintético. O juízo analítico somente irá reforçar aquilo que já conhecemos. Por exemplo, na afirmação "o triângulo tem três lados" o conhecimento do formato de um triângulo já nos remete a entender que, se está se referindo a um triângulo, este deve conter três lados, não acrescentando nada além da primeira informação. O juízo sintético acrescentará mais informações ao conhecimento já estabelecido. Por exemplo, os astros se movimentam, e por mais que estudemos os conceitos dos astros, ainda assim nos faltariam as informações sobre seus movimentos, e ao estudarmos os movimentos dos astros, nos deparamos com o juízo sintético que se subdivide em *a posteriori* e *a priori*.

Assim, o juízo sintético a posteriori não trará nenhuma soma ao conhecimento, uma vez que se esgota em si mesmo, diferentemente do juízo sintético a priori, que não se esgota pela experiência (é universal e necessário) e possibilita novas informações a cada análise. É o caso da matemática e da física, por meio das quais, conforme aponta Kant, "cada análise [pressupõe] uma nova descoberta que poderá desencadear outra descoberta e assim sucessivamente" (Cotrim, 2001, p. 176).

Entretanto, essa ideia de juízo fundamenta-se nos dados que captamos e na organização desses dados em nossa mente. Para que essa organização aconteça, faz-se "necessário o segmento de certas categorias aprioristicas do nosso entendimento – entende-se por categorias os conceitos como unidade, pluralidade, totalidade, realidade, negação, limitação, substância, causa, comunidade (ou ação recíproca), possibilidade, existência e necessidade" (Chaui, 1999, p. 8).

Seguindo o raciocínio de Kant, somente as categorias do conhecimento não dariam conta de demonstrar as coisas tal como elas são. Logo, a razão também precisaria apresentar conhecimentos sensíveis que, segundo Kant, serão denominados *espaço* e *tempo*. O espaço, assim como o tempo, é intuição pura. Juntos, espaço e tempo, por serem puros, universais e necessários, darão condição (juntamente com as categorias do conhecimento) para que homem formule os fenômenos (objetos). O entendimento do espaço e do tempo tem como premissa a ideia de que os fenômenos podem ser suprimidos tanto do espaço como do tempo, mas jamais conseguiremos fazer o mesmo com o espaço e com o tempo, pois ambos são conhecimentos sensíveis, necessários e universais (Cotrim, 2001).

Isso significa dizer, segundo Kant, que o homem jamais atingirá a essência dos objetos, pois para interpretar um fenômeno temos que, em primeiro lugar, conhecer empiricamente (por meio das categorias do conhecimento) as informações que aqueles fenômenos podem revelar. Peguemos uma árvore como exemplo de fenômeno: para que ela seja revelada enquanto fenômeno para nós, precisamos, em primeiro lugar, conhecer empiricamente a árvore, as cores, os formatos, as qualidades etc. Isso significa que a cada conhecimento novo que adquirirmos sobre as árvores teremos outra visão sobre ela, logo, "só estaremos observando a aparência dessa árvore, e jamais a essência. Isso equivale a dizer que a cada experiência, ou a cada nova categoria adquirida, o objeto muda, criando uma nova impressão do mesmo" (Cotrim, 2001, p. 175).

Para facilitar o entendimento da teoria da natureza em Kant, temos que tentar entendê-la sob o ponto de vista de que a natureza é como uma teoria do conhecimento da natureza, pois a razão humana é um processo de produção contínua do conhecimento.

Dessa forma, pensar a natureza em Kant é como pensar na revolução causada pela teoria copernicana do pensamento, que apontava para o rompimento de um paradigma, no qual o planeta Terra não mais seria o centro de todo o universo e sim uma parte desse complexo. Tal afirmação de Nicolau Copérnico soou como uma grande afronta aos preceitos religiosos da sociedade de então. A proposta de Kant, por sua vez, implicava numa autocrítica da razão, num ir e vir de informações que os fenômenos poderiam causar. A natureza em Kant apresenta uma diferença definitivamente grande na delimitação da nossa experiência. Para ele, aquilo que conhecemos na natureza só nos será revelado se, empiricamente, recebermos esses dados; ou seja, só poderemos perceber tais fenômenos da natureza se já o tivermos experimentado empiricamente, logo, nosso conceito de natureza nada mais é do que a soma de dados empíricos em que os "fenômenos serão ordenados segundo as leis necessárias e universais" (Hamm, 1990, p. 154).

3.1.3 O conhecimento sensível do espaço e do tempo

Somados a essas categorias do conhecimento que iremos utilizar para que os fenômenos da natureza nos sejam revelados, iremos ainda precisar dos conhecimentos sensíveis de espaço e tempo, e na junção desses conhecimentos sensíveis com as categorias do conhecimento teremos a revelação do fenômeno como tal. De acordo com Hamm (1990, p. 155), "assim colocado, percebemos que os princípios dessas leis provêm exatamente da razão humana, e por este motivo, por ser próprio da razão humana, é que os fenômenos poderão ser distinguidos no espaço e no tempo".

Ainda segundo Hamm (1990), Kant acredita que quanto mais sabemos sobre os "fenômenos" na natureza, mais conseguiremos experimentá-los. "Ao observarmos a natureza e colocarmos em uso nosso conhecimento sensível (espaço/tempo) *a priori*, este imediatamente conecta-se com as categorias do conhecimento (causa, realidade etc.) que são *a posteriori*" (Hamm, 1990, p. 159, grifos do original).

Com isso, podemos perceber que a geografia que Kant lecionava na Universidade de Königsberg apresentava características de uma geografia descritiva (a descrição dos objetos – fenômenos) e com características físico-descritivas, pois o que caberia a ser descrito seria apenas a aparência do fenômeno, o que resultaria em descrever somente o meio físico aparente. A interação entre os fenômenos não fazia parte dessa observação, e a interação entre os fenômenos da natureza e o homem representaria um novo fenômeno não aparente, ficando, dessa forma, não constituído como fenômeno e tornando-se, assim, uma análise que deixava de ser a análise principal dessa geografia lecionada por Kant.

Como já foi mencionado anteriormente, a racionalidade humana ainda se prendia às questões morais impostas pelo sistema de então – o qual Kant passou a questionar, "propondo ao homem a não aceitação dos fatos tais como eram, de modo que o homem buscasse uma maior reflexão sobre os fatos" (Hamm, 1990, p. 161).

Após a análise dessa primeira questão apontada por Kant sobre a natureza, que diz respeito à limitação do nosso conhecimento sobre essa natureza, passemos para a segunda grande questão apontada pelo filósofo, que aborda o uso das formas de conhecimento *a posteriori* e *a priori* para identificar os fenômenos na natureza.

Assim sendo, ao analisarmos um determinado objeto, símbolo etc., colocamo-nos "fora" da natureza, como se fossemos "donos" dela. Colocamos a natureza como submissa às nossas leis, o que significa perceber somente o campo da existência dos fenômenos e não da essência destes. "Para nós, os fenômenos (objetos) só existem porque primeiramente os inserimos nas leis da razão, porém, o que os fenômenos e a natureza são na essência, enquanto algo dado (não fisicamente) ficará oculto para sempre" (Hamm, 1990, p. 160).

Sendo assim, a Geografia sob a ótica kantiana remete-nos à noção de que o homem pode sim observar a natureza, pode sim perceber os fenômenos que ela nos revela, e assim precisamos perceber que a cada olhar, a cada observação, o homem tende a descobrir algo novo, uma nova informação, um novo sentido para aquilo que busca, e certamente quando esse novo sentido for entendido, passará a se apropriar daquilo que tem em mãos.

Com base nesses apontamentos sobre a geografia kantiana, podemos avançar no entendimento da geografia servindo aos propósitos de quem a conhece, de quem se apropriou das suas possibilidades, especialmente quando a percepção do espaço passa a ser ferramenta indispensável nos propósitos de quem possui essa percepção.

Desse modo, quando o espaço passa a ser um instrumento fundamental nas pretensões de países, principalmente no contexto europeu, no qual, segundo Gomes (2003), as contribuições de Carl Ritter (apoiado no filósofo Schelling e no filólogo Wolf[i]) apontam que o espaço se constrói a partir da harmonia do homem com a natureza, com maior desenvolvimento cultural, quando observadas as características geográficas e estabelecidas suas relações. De acordo com Moraes (1987), assim como Friedrich von Humboldt, Ritter lança as bases para a sistematização da geografia enquanto ciência. Ritter exerceu influência no meio geográfico, caracterizando a ciência como campo de análises e sínteses; mesmo não tendo viajado (como Humboldt), organizou os estudos de Humboldt de forma sistemática e metodológica, inaugurando a discussão geográfica sobre a relação homem-natureza.

No que tange às categorias de análise do espaço geográfico, encontramos um recorte denominado *paisagem*, que pode ser estruturado em dois olhares, sendo o primeiro a paisagem natural, e o outro, a paisagem cultural, na qual a ação do homem está inserida.

A paisagem natural é aquela composta pelos elementos naturais como clima, vegetação, relevo, estrutura dos rios (hidrografia), fauna e demais elementos existentes sem a interferência

---

i. Friedrich August Wolf foi um dos difusores da hermenêutica alemã, com trabalhos sobre a filologia iluminista. Trabalhou com a compreensão romântica por meio de analogias buscando uma interpretação mais objetiva, não perdendo a noção e a significação de todo o conjunto (Gomes, 2003).

humana no processo. Por outro lado, a paisagem cultural (humanizada) carrega elementos marcantes do homem, como edificações ou organizações agrícolas; é a paisagem sobre a qual ele vem utilizando técnicas a fim de extrair dela os melhores resultados.

Assim, numa paisagem cultural, é possível estabelecer uma classificação de elementos, organizando-os de tal forma que as similaridades sejam destacadas, como as construções, a urbanização e as edificações industriais, o que leva a um outro conceito, o de região.

3.1.4 Categorias: território, paisagem e lugar

Aprofundando um pouco mais, quando analisamos uma paisagem, observamos um conjunto de elementos que nos remetem a outras categorias, além da paisagem propriamente dita. Nessa análise, é possível encontrar elementos sobre o território e também sobre o lugar, pois território, paisagem e lugar se entrelaçam, tornam-se estruturas ligadas umas às outras, podendo ser melhor compreendidas do seguinte modo, conforme apontam os Parâmetros Curriculares Nacionais (Brasil, 1998, p. 28-29):

> A categoria território possui relação bastante estreita com a categoria paisagem. Pode até mesmo ser considerada como o conjunto de paisagens. É algo criado pelos homens, é uma forma de apropriação da natureza. A categoria paisagem, porém, tem um caráter específico para a Geografia, distinto daquele utilizado pelo senso comum ou por outros campos do conhecimento. É definida como sendo uma unidade visível do território, que possui identidade visual,

caracterizada por fatores de ordem social, cultural e natural, contendo espaços e tempos distintos; o passado e o presente. A paisagem é o velho no novo e o novo no velho!

Por exemplo, quando se fala da paisagem de uma cidade, dela fazem parte seu relevo, a orientação dos rios e córregos da região, sobre os quais se implantaram suas vias expressas, o conjunto de construções humanas, a distribuição de sua população, o registro das tensões, sucessos e fracassos da história dos indivíduos e grupos que nela se encontram. É nela que estão expressas as marcas da história de uma sociedade, fazendo assim da paisagem um acúmulo de tempos desiguais.

A categoria paisagem, por sua vez, também está relacionada à categoria lugar, tanto na visão da Geografia Tradicional quanto nas novas abordagens. O sentimento de pertencer a um território e a sua paisagem significa fazer deles o seu lugar de vida e estabelecer uma identidade com eles. Nesse contexto, a categoria lugar traduz os espaços com os quais as pessoas têm vínculos afetivos: uma praça onde se brinca desde criança, a janela de onde se vê a rua, o alto de uma colina de onde se avista a cidade. O lugar é onde estão as referências pessoais e o sistema de valores que direcionam as diferentes formas de perceber e constituir a paisagem e o espaço geográfico. É por intermédio dos lugares que se dá a comunicação entre homem e mundo.

> Assim, pode-se compreender por que o espaço, a paisagem, o território e o lugar estão associados à força da imagem, tão explorada pela mídia. Pela imagem, muitas vezes a mídia utiliza-se da paisagem para inculcar um modelo de mundo. Sendo a Geografia uma ciência que procura explicar e compreender o mundo por meio de uma leitura crítica a partir da paisagem, ela poderá oferecer grande contribuição para decodificar as imagens manipuladoras que a mídia constrói na consciência das pessoas, seja em relação aos valores socioculturais ou a padrões de comportamentos políticos nacionais. (Brasil, 1998, p. 28-29)

Ainda no recorte da categoria paisagem, é possível analisá-la como forma e funcionalidade, conforme Suertegaray (2001), quando podemos percebê-la num processo de constituição e reconstituição da sua dinâmica. Assim sendo, a paisagem passa a ser a materialização das condições sociais, mesmo com a existência de elementos naturais transfigurados, privilegiando, assim, uma coexistência de ações e objetos num prisma econômico e cultural.

Por sua vez, o território pode refletir a existência de um determinado poder. Observar a categoria território nos leva a perceber que elementos políticos se fazem presentes na discussão do termo. Assim, se faz necessário uma análise das ações sociais contidas nesse território, sendo que dessas ações emanará o poder instituído, materializando a ideia do território.

Dentro do território existem relações de poder, forças que tendem a ser desiguais, em que umas se sobrepõem às outras, evidenciadas, muitas vezes, por elementos físicos, perceptíveis também na observação da paisagem. Segundo Suertegaray (2001), "a concepção de território associa-se à ideia de natureza e sociedade configuradas por um limite de extensão do poder. [...] Por consequência, estes espaços [...] podem formarem-se ou dissolverem-se de modo muito rápido", podendo ou não obedecer a uma estrutura lógica e formal.

Assim, para a existência de um território, devem ser consideradas uma delimitação (limite, fronteira, divisa) e a existência de um poder administrativo (político) que reforce essa ideia. Além disso, esse poder administrativo deve se somar a outro poder, o poder de defesa, militar, pois quando, no âmbito militar, se pressupõe a existência de um limite (fronteira), esse deve ser resguardado.

Ainda no contexto do território, Souza (2000, p. 84), afirma que:

> A ocupação do território é vista como algo gerador de raízes e identidade: um grupo não pode ser mais compreendido sem o seu território, no sentido em que a identidade sociocultural das pessoas estaria inarredavelmente ligada aos atributos do espaço concreto (natureza, patrimônio, "paisagem"). E mais: os limites do território não seriam, é bem verdade, imutáveis, mas cada espaço seria, enquanto território, território durante todo o tempo, pois apenas a durabilidade poderia, é claro, ser geradora de identidade socioespacial, identidade na verdade não apenas com o espaço físico, concreto, mas com o território e, por tabela, como poder controlador desse território.

Ou ainda, conforme Andrade (1995, p. 164):

> O conceito de território não deve ser confundido com o de espaço e lugar, estando muito ligado à ideia de domínio ou de gestão de área. Assim, deve-se ligar

sempre a ideia de território à ideia de poder, quer se faça referência ao poder público, estatal, quer ao poder das grandes empresas que estendem seus tentáculos por grandes áreas territoriais.

Percebemos que os limites do território não são necessariamente imutáveis, pois até mesmo as ações de corporações podem transpassar de um território a outro, exercendo poder de influência – o que nos leva a pensar na territorialidade, ou seja, no poder que emana de determinados grupos, empresas, pessoas etc.

3.1.5 O conceito de territorialidade

O conceito de territorialidade nos leva ao entendimento de que os poderes existentes dentro do território não são hegemônicos, sendo uns maiores do que outros e, com isso, a força de influência de uns pode romper e adentrar outros territórios – fato perceptível entre Brasil e Paraguai na região de Foz do Iguaçu. O poder de influência do Brasil em Ciudad del Este, por exemplo, pode ser percebido (além do fator relacionado ao comércio) pelo grande número de brasileiros que atuam profissionalmente na cidade e pela presença de paraguaios no lado brasileiro prestando serviços como taxistas, mototaxistas, vendedores, entre outros.

Nesse sentido, a territorialidade depende das ações humanas, ou seja, é um poder inerente às ações humanas, pois o território em si, sem essa participação, teria outra conotação. Assim, Saquet (2007, p. 88) afirma que:

> A territorialidade é um fenômeno social que envolve indivíduos que fazem parte do mesmo grupo social e de grupos distintos. Nas territorialidades, há

continuidades e descontinuidades no tempo e no espaço; as territorialidades estão intimamente ligadas a cada lugar: elas dão-lhe identidade e são influenciadas pelas condições históricas e geográficas de cada lugar.

Logo, a territorialidade é resultante da existência de um poder dentro do território, poder esse que pode estar atrelado à capacidade tecnológica, econômica, organizacional ou política, ou ainda emanar de elementos imateriais, como os religiosos, e os artísticos (danças e canções), além das crenças, dos rituais, da arquitetura, das ruas ou praças existentes dentro do território.

Podemos analisar, além da territorialidade, o conceito de lugar, que nos remete aos elementos do nosso cotidiano, no nosso mundo vivido e experimentado, embebido em sentimentos e sensações, em percepções acerca dos elementos que nos envolvem diariamente. Perceber o lugar significa experimentar os cheiros, as cores, os sons e as nuances que se apresentam no ambiente em que vivemos; ao perceber esses elementos, passamos a adquirir algo a mais, passamos a ter um sentimento de pertencimento, de fazer parte; ou seja, o lugar deixa de ser um espaço qualquer, adquirindo sentimentalidade. Existe, a partir disso, um universo emocional envolvido, capaz de resgatar lembranças e memórias que foram especiais, suficientemente importantes para nos conectar com esse espaço em particular.

3.1.6 O conceito de lugar

Sauer (1998) deu início aos estudos sobre o termo *lugar*; contudo, foram os estudos de Dardel (2011) que deram luz ao conceito, com a proposta de uma geografia vivida, quando ele articula ideias sobre uma geograficidade (uma relação entre o homem e a terra), não no sentido agrário, de homem do campo, mas no sentido das sensações, de pertencimento, incluindo ideias sobre o relativo, o cultural, o subjetivo, e resgatando a importância da experiência vivida. Na mesma direção, Holzer (1999, p. 76) nos aponta que o lugar deve ser entendido como "um centro de significados e, por extensão, um forte elemento de comunicação, de linguagem, mas que nunca seja reduzido a um símbolo despido de sua essência espacial, sem a qual torna-se outra coisa, para qual a palavra 'lugar' é, no mínimo, inadequada".

Santos (1990, p. 322) destaca a importância de dar espaço à existência humana, ou seja, ao mundo vivido, sendo o lugar "um cotidiano compartido entre as mais diversas pessoas, firmas e instituições, cooperação e conflito, são as bases da vida em comum, é também teatro das paixões humanas". Corroborando as ideias de Santos, Tuan (1983, p. 3) traduz de forma peculiar todo um entendimento sobre o lugar: "o lugar é segurança e o espaço é liberdade: estamos ligados ao primeiro e desejamos o outro. Não há lugar como o lar. O que é lar? É a velha casa, o velho bairro, a velha cidade ou a pátria. Os geógrafos estudam os lugares".

Para exemplificar a afirmação de Tuan (1983), imagine uma situação como a que descrevemos a seguir. Mudamos de endereço, saímos de uma cidade e vamos morar em outra, ou mudamos de bairro ou de vila. Inicialmente, sentimo-nos estranhos nesse novo espaço, os vizinhos são estranhos, os comércios são "longe demais", não há um comércio específico que no outro endereço havia, o novo endereço não é tão bom quanto imaginávamos; contudo, com o passar dos dias, esse espaço vai se transformando e nossas percepções passam a observar novos elementos. Quando isso começa a acontecer, podemos inferir que estamos agindo sobre esse espaço, interpretando-o de forma diferente, observando-o mais profundamente, vivenciando-o, fazendo com que nossa consciência defina melhor os objetos envolvidos. Nessa ótica, Mello (1990, p. 99) nos aponta que "a consciência só pode ser assim entendida quando dirigida para um objeto e este 'só pode ser definido em sua relação com a consciência' (Dartigues, 1971, p. 13)". Há uma vinculação entre ambos. Dessa forma, Mello propõe uma filosofia da experiência que não faz distinções entre o objeto e sujeito, que é uma "apreensão das essências através da experiência vivida, aplicada e adquirida pelo indivíduo" (Mello, 1990, p. 99).

Ou seja, precisamos estar ali, ver, sentir, vivenciar, e isso, para Buttimer (1982, p. 187) se chamará *lugar*, que é "o somatório das dimensões simbólicas, emocionais, culturais, políticas e biológicas". É nesse sentido que o estudo da geografia se embrenha por caminhos tão diferenciados, no intuito de, por várias análises, desvendar a essência do espaço na sua complexidade; esse é o objeto de estudo da geografia, um objeto carregado de informações que podem oferecer respostas para uma boa gama de perguntas.

Síntese

Mapa conceitual – Síntese

As categorias de análise
Para compreender melhor os fenômenos geográficos, buscamos estudá-los por meio das categorias de análise **espaço**, **paisagem** e **lugar**.

A geografia kantiana:
Dentre as afirmações de Kant, destaca-se a indissociabilidade entre o homem e a natureza, ou seja, não se pode conhecer o homem se não se considerar o espaço em que este está inserido, sendo essa

a condição para a sua existência, entendendo que o homem se faz no espaço e o espaço se traduz nas ações do homem.

Formas de conhecimento

Conhecimento empírico ou *a posteriori* e **puro** ou *a priori*. O primeiro é fornecido pelo sentido, vem depois da experiência; o segundo não depende da experiência, nascendo simplesmente de uma operação racional e sensível, distinguindo-se do primeiro pela universalidade e necessidade.

O conceito de territorialidade

O conceito de territorialidade nos leva ao entendimento de que os poderes existentes dentro do território não são hegemônicos, sendo uns maiores do que outros e, com isso, a força de influência de uns pode romper e adentrar outros territórios.

O conceito de lugar

"Um centro de significados e, por extensão, um forte elemento de comunicação, de linguagem, mas que nunca seja reduzido a um símbolo despido de sua essência espacial, sem a qual torna-se outra coisa, para qual a palavra 'lugar' é, no mínimo, inadequada" (Holzer, 1999, p. 76).

Atividades de autoavaliação

1. Sobre a categoria de paisagem e suas configurações, observe as sentenças a seguir e assinale a afirmativa INCORRETA:
    a) A paisagem natural é aquela composta por elementos naturais como clima, vegetação, relevo, estrutura dos rios

(hidrografia), fauna e demais elementos existentes sem a interferência humana no processo.
b) A paisagem cultural (humanizada) carrega elementos marcantes do homem, como edificações e organizações agrícolas; é a paisagem sobre a qual vem utilizando técnicas a fim de extrair dela os melhores resultados.
c) Numa paisagem cultural, não é possível estabelecer uma classificação de elementos, sendo impossível organizá-los de forma estruturada, destacando as similaridades, como as construções, a urbanização e as edificações industriais, fato que leva a um outro conceito, o de região.
d) Numa paisagem natural, são encontrados elementos que não foram alterados pela ação antrópica.

2. Sobre as categorias de análises geográficas destacadas pelos Parâmetros Curriculares Nacionais (Brasil, 1998), assinale as sentenças a seguir com V para Verdadeiro e F para Falso.
   ( ) A categoria território possui relação bastante estreita com a categoria paisagem e pode até mesmo ser considerada um conjunto de paisagens.
   ( ) A categoria paisagem tem um caráter específico para a geografia, distinto daquele utilizado pelo senso comum ou por outros campos do conhecimento.
   ( ) A paisagem é definida como uma unidade visível do território, que possui identidade visual, caracterizada por fatores de ordem social, cultural e natural, contendo espaços e tempos distintos; o passado e o presente.
   ( ) Quando se fala da paisagem de uma cidade, dela fazem parte seu relevo e a orientação dos rios e córregos da região,

sobre os quais se implantaram as vias expressas e todo o conjunto de construções humanas.

( ) É na paisagem que estão expressas as marcas da história de uma sociedade, fazendo da paisagem um acúmulo de tempos desiguais.

Assinale a alternativa que apresenta a sequência obtida:
a) F; V; V; F; V.
b) F; V; F; V; F.
c) V; V; V; V; V.
d) V; V; F; V; F.

3. Quando falamos em *lugar*, de que forma podemos perceber a transformação do espaço em lugar?
    a) Quando as infraestruturas vão sendo substituídas por outras mais novas.
    b) Quando não temos nenhum acesso àquilo que existia no passado.
    c) Quando transformamos um ambiente, deteriorando-o.
    d) Com o passar dos dias, esse espaço vai se transformando e nossas percepções passam a observar novos elementos. Quando isso começa a acontecer, podemos inferir que estamos agindo sobre esse espaço, interpretando-o de forma diferente.

4. No contexto sobre território, observe as sentenças a seguir e assinale V para Verdadeiro e F para Falso.
    ( ) O território não reflete a existência de um determinado poder.
    ( ) Observar a categoria território nos leva a perceber que elementos políticos se fazem presentes na discussão desse termo.

( ) Quando analisamos o território, se faz necessária uma análise das ações sociais contidas nesse território, sendo que dessas ações emanará o poder instituído, materializando a ideia do território.

( ) Dentro do território, existem relações de poder, forças que tendem a ser desiguais, em que umas se sobrepõem às outras, evidenciadas, muitas vezes, por elementos físicos, perceptíveis também na observação da paisagem.

Assinale a alternativa que apresenta a sequência obtida:
a) F; V; F; V.
b) F; V; V; V.
c) V; V; F; V.
d) F; F; V; V.

5. A categoria denominada *territorialidade* indica uma relação direta com a existência do território. Observe as sentenças a seguir e assinale a afirmativa correta:
   a) A territorialidade é um fenômeno social que envolve indivíduos que fazem parte do mesmo grupo social e de grupos distintos.
   b) Nas territorialidades não há continuidades e descontinuidades no tempo e no espaço.
   c) As territorialidades não são influenciadas pelas condições históricas e geográficas de cada lugar.
   d) A territorialidade é resultante da existência de um poder que vem de fora do território.

Atividades de aprendizagem

Questões para reflexão

As questões para reflexão a seguir devem proporcionar a você o entendimento sobre o conceito de territorialidade e as áreas de influência que um país pode exercer sobre outro com menor influência. Para tanto, será necessária a criação de uma legenda com a utilização de canetas coloridas.

1. De posse de um mapa da América do Sul e de canetas coloridas, escolha três países e defina:
   a) Quais são esses países e quais são suas respectivas capitais?
   b) Com quais outros países eles fazem fronteira?
   c) Com base no conceito de territorialidade, pinte com as canetas coloridas as áreas de influência que o país mais influente tem sobre o país menos influente.

2. Sobre territorialidade, elabore um texto comentando a influência do Paraguai e a influência do Brasil na região de Foz do Iguaçu, pontuando os aspectos positivos e negativos dessas influências.

Atividade aplicada: prática

A leitura do capítulo oferece conteúdo para compreensão das categorias de análises geográficas, dentre elas, a paisagem natural e a paisagem cultural. Com base nessas duas categorias, faça uma pesquisa e encontre uma imagem antiga e uma imagem atual da sua cidade (é importante que essas imagens retratem o mesmo espaço, para efeitos de comparação; por exemplo, duas imagens da praça central, duas imagens da igreja matriz, duas imagens do terminal rodoviário etc.). Em seguida, redija um texto apontando as principais diferenças entre as imagens e as principais alterações ocorridas que se pode perceber com a observação da segunda imagem.

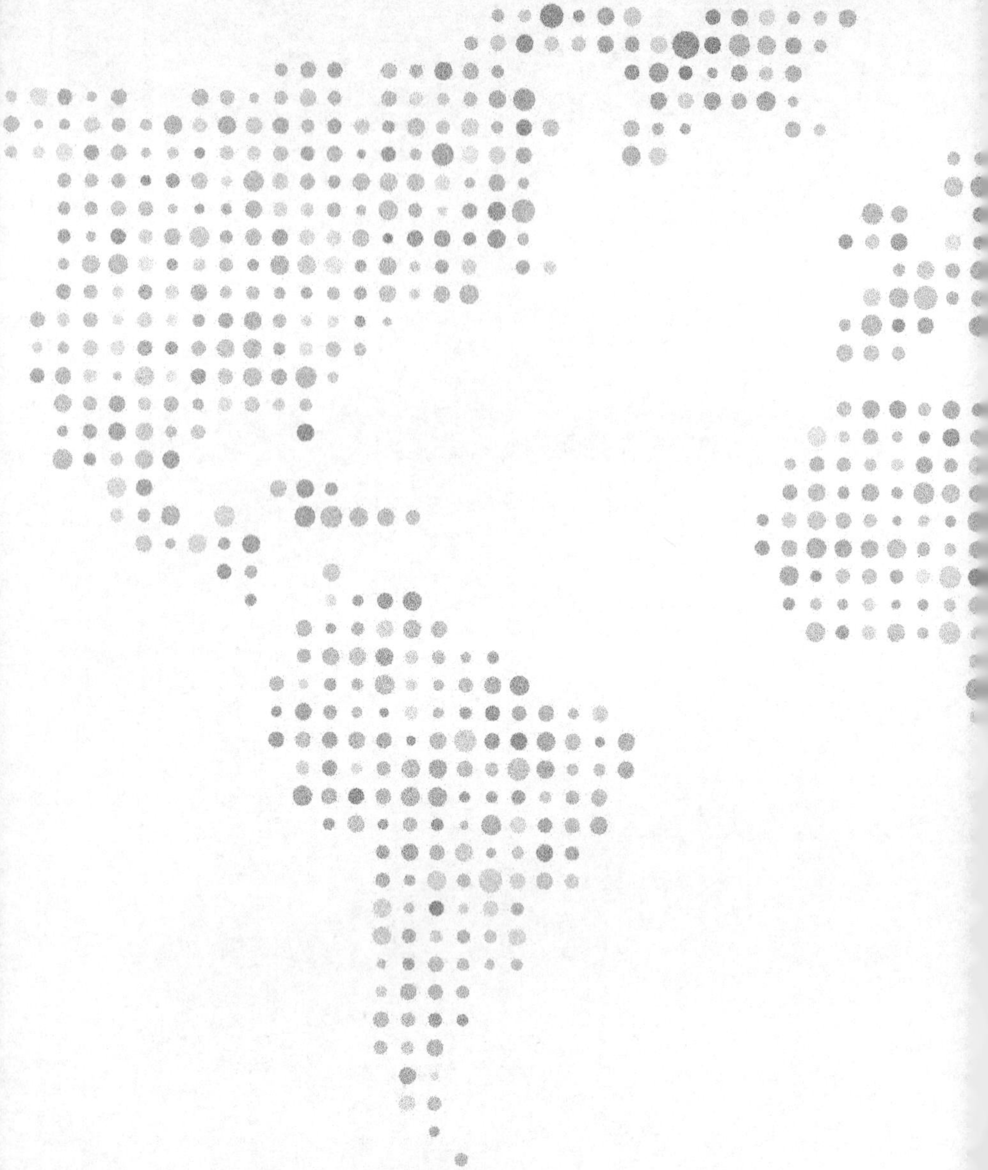

4

Mapas mentais: ferramentas fundamentais nas abordagens socioculturais[i]

i. O conteúdo deste capítulo foi elaborado com base em Matozo (2009) e Matozo e Hartmann (2008).

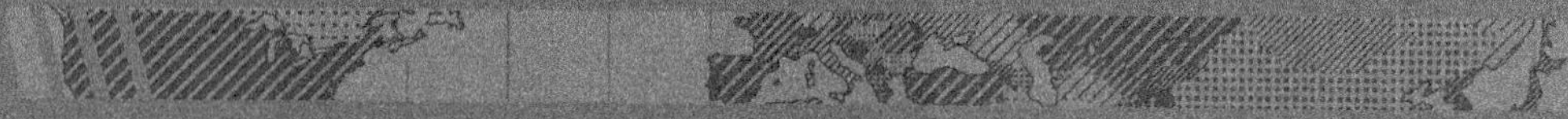

Este capítulo tem como objetivo apresentar ao leitor as inúmeras possibilidades a partir do trabalho com mapas mentais. Por meio deles é possível adentrar nos elementos culturais que estão inseridos na organização social dos indivíduos, revelando a estes importantes características sobre suas próprias histórias.

Para tanto, serão estruturados diversos enfoques sobre os mapas propriamente ditos, desde aqueles mais remotos até os mais atuais. Desse modo, espera-se que sejam compreendidas as transformações que os mapas tiveram ao longo dos tempos e quais realmente foram suas intencionalidades.

Apoiando-se na cartografia, podemos observar que as produções, antes carregadas de simbologias com finalidade específica, passaram a ser cada vez mais técnicas e mais muito mais abstratas.

4.1 Os mapas pictóricos

Desde os tempos mais remotos, a cartografia representa as ações humanas e os feitos das mais diversas civilizações. A maneira como as civilizações representavam suas atividades variava de lugar para lugar, uma vez que as técnicas eram específicas. Essas representações, como as pinturas rupestres, por exemplo, representavam aquilo que trazia significado para os povos primitivos, portanto, deveriam ficar registradas para as futuras gerações, para que estas tomassem conhecimento, mesmo depois de muito tempo.

Não obstante, a ciência menosprezou muito dessas informações, por não estarem dentro das "regras" cartográficas, especialmente dos modelos europeizados, o que contribuiu para que muitos relatos importantes acabassem sendo desconsiderados em trabalhos científicos. Harley (1991, p. 6) informa que: "Os mapas de culturas não europeias só recebiam certa atenção [...] quando apresentavam alguma semelhança com os mapas europeus. O interesse era descobrir similitudes cartográficas nessas culturas remotas e não analisar suas diferenças".

Observamos que Harley (1991) acolhe aspectos culturais da sociedade apostando numa alternativa para o desenvolvimento cartográfico. Foi um dos responsáveis pelos intensos debates ocorridos na década de 1990, quando propôs que a cartografia cultural fosse aceita como ciência e que os mapas não europeizados fossem aceitos academicamente e colocados no patamar merecido, deixando de ser renegados por não apresentarem as características euclidianas que a ciência geográfica tradicional determina (Matozo; Hartmann, 2008).

Com isso, algumas lacunas no tempo histórico passariam a ser preenchidas com:

> o entendimento progressivo de que a cartografia não somente é muito mais antiga do que se pensava, mas também, apesar das numerosas lacunas documentais, uma linguagem visual muito mais universal do que antes se acreditava. [...] ao se ampliar a definição e "mapa" ao ponto de ela abranger, por exemplo, tanto as representações cosmológicas e celestes como as terrestres, as tradições cartográficas começam a se integrar onde antes havia espaços em branco na história da cartografia. A evolução da cartografia na Índia pode ilustrar essa nova forma de escrever a história dos mapas. (Harley, 1991, p. 7)

Assim, a cartografia renova-se, utilizando mapas culturais e elementos construídos culturalmente pelas civilizações (Matozo;

Hartmann, 2008), os quais, segundo Harley (1991, p. 5, grifo do original), "precederam a escritura e a notação matemática em muitas sociedades, mas somente no século XIX foram associadas às disciplinas modernas cujo conjunto constitui a **cartografia**".

Assim como Harley, autores como Maceachren e Taylor (1994, p. 337) concordam que cartograficamente o ser humano possui uma "habilidade para desenvolver imagens mentais (frequentemente de relações que não têm nenhuma forma visual), que permitem que nossos processos visuais e cognitivos enfoquem padrões representados", contribuindo para que outras possibilidades passassem a fazer parte do universo cartográfico acadêmico.

A cartografia é constituída de elementos simbólicos e entender esses signos implica tratarmos da semiótica, que diz respeito à lógica de interpretação do objeto pelo observador (Matozo; Hartmann, 2008). Segundo Ferrara (1988, p. 9), podemos entender que:

> toda representação de um signo em relação ao objeto é sempre parcial, pois não esgota todas as faces do objeto. Assim, semiotização envolve a representação parcial do signo em relação ao objeto, mais a relação interpretante que o intérprete, o receptor ou usuário de um signo estabelecem entre a representação e o próprio representado apreendido na sua totalidade. Ao estudo dessa lógica dá-se o nome de semiótica.

4.2 Os mapas mentais

Partindo desses pressupostos, nos apropriamos da ideia dos mapas mentais, que podemos buscar em Tuan (1985, p. 209) o seguinte entendimento: "em resumo, um mapa mental pode ser a planta de ruas que uma pessoa lembra quando descreve o caminho para um amigo, ou pode ser a representação cartográfica de um geógrafo sobre as atitudes que as pessoas têm de determinados lugares".

Podemos ainda considerar os apontamentos de Cosgrove, citado por Corrêa (1991, p. 22):

> mapeamento cognitivo significa hoje muito mais do que foi concebido pelos seus investigadores nos anos 60, que tomaram como dada a existência de um espaço objetivamente mapeável e mapeado com o qual mapas mentais poderiam ser comparados. Não apenas todos os mapeamentos são 'cognitivos' no seu sentido mais amplo, inevitavelmente amarrados dentro de molduras discursivas que são histórica e culturalmente específicas, mas todos os mapeamentos envolvem conjuntos de escolhas, omissões, incertezas e intenções.

Assim, os mapas mentais nos oferecem um suporte importante quando buscamos entender as combinações possíveis dentro da análise cultural, pois esse mapeamento carrega informações que estão diretamente vinculadas aos conceitos de território, territorialidade, paisagem e, principalmente, lugar. Os mapas mentais são os registros que nos ligam com nosso mundo vivido, logo, são conhecimentos verdadeiros, do dia a dia, da nossa cultura.

Ao analisarmos os mapas mentais (sejam manuais, sejam digitais), podemos perceber como se estruturam os "espaços representativos", que na realidade são o conjunto de símbolos que nos fazem sentido, que nos trazem significados. Esse conjunto, conforme Piaget (1973, p. 17):

> Constrói-se efetivamente um espaço sensório-motor ligado, ao mesmo tempo, aos progressos da percepção e da motricidade e cujo desenvolvimento adquire uma grande extensão até o momento da aparição simultânea da linguagem e da representação figurada, isto é, da função simbólica em geral.

Com isso, pensar o espaço representativo implica entender que as construções mentais são resultado das nossas experiências no convívio social e nas inter-relações humanas, somadas aos sons, aos objetos e às verbalizações que nos permitem desenvolver em nossas mentes relações espaciais para nos locomovermos com certa precisão e recordarmos os espaços já percorridos (Matozo, 2009).

Em concordância com Piaget (1973), Oliveira (2007) indica a "relação espacial topológica" como a mais primitiva das relações espaciais, apontando como topológicas "as relações espaciais de vizinhança ou proximidade, separação, ordem, envolvimento e continuidade". Quando se produz um mapa mental, articula-se o conhecimento de relação espacial, distribuindo-o sobre o papel em noções diferentes, ordenando os objetos segundo uma escolha, para que a representação venha a indicar algo referencial para quem o produziu (Matozo, 2009).

Portanto, a relação topológica consiste numa coordenação de figuras entre si, num mesmo arranjo espacial, em figuras estruturadas que, segundo Oliveira (2007, p. 83), "prendem-se às relações espaciais projetivas e euclidianas", e as "estruturas projetivas euclidianas" se apresentam de forma mais complexa e mais tardiamente em nossas vidas, uma vez que implicam a manutenção de ângulos, retas, curvas e distâncias. Ainda conforme Oliveira (2007, p. 83), "esse espaço projetivo se inicia quando o objeto ou figura deixa de ser considerado em si mesmo, tornando-se relativo a um ponto de vista" (Matozo, 2009).

Quanto ao mapa mental, este será estruturado de forma diferente, em tempos diferentes, pois uma criança o desenvolverá conforme suas experiências acumuladas, que inevitavelmente serão diferentes das experiências de um adulto. O somatório das experiências vividas contribuirá para que o autor do mapa mental o estruture, de forma a revelar proporções, arruamentos, edificações ou mesmo cursos d'água e vegetações. Assim, essa convivência social e espacial pode possibilitar ao autor do mapa atingir o nível de construção topológica que irá destacar nos mapas mentais representações com significados, valores e emoções, enfim, suas representações culturais (Matozo, 2009).

Num outro olhar, ao observarmos um mapa tradicional (confeccionado para fins acadêmicos), percebemos que este apresenta muito mais abstrações do que os mapas mentais, o que certamente é consequência das influências diretas de quem os produziu. Esses mapas tradicionais, que aparecem nos livros didáticos, apostilas ou similares, são confeccionados por pessoas tecnicamente preparadas para isso, como geógrafos ou engenheiros cartógrafos, que os confeccionarão utilizando recursos como coordenadas, projeções, ângulos, linhas e grades, números, escalas, cores e legendas, causando estranheza para quem fará a leitura do mapa e não está familiarizado com tudo isso.

O que destacamos nesse momento é que a geografia cultural, ao absorver os mapas tidos como "não tradicionais", passou a obter melhores resultados do que até então. É necessário entender, nesse ponto da discussão, que pessoas que não possuem formação técnica ou conhecimento específico sobre mapas (como é o caso da maioria dos alunos nas escolas), não conseguem traduzir e absorver as informações contidas em mapas tradicionais, mas quando essas mesmas pessoas se deparam com um mapa mental, passam a compreendê-lo melhor, pois esse outro modelo possui informações mais significativas, levando-as a entender o espaço e suas estruturas, especialmente por perceberem que esse espaço é o próprio mundo vivido.

4.3 Mapas mentais digitais

Numa tentativa de melhor entendimento sobre os mapas mentais, a seguir destacaremos algumas propostas denominadas *mapas mentais digitais,* realizadas com auxílio de ferramentais digitais, resultado de atividades realizadas com alunos, com o intuito de agregar tecnologia ao ensino de geografia. Para o desenvolvimento desse exercício, optou-se pelo uso do computador, que é uma ferramenta de fácil acesso para os alunos envolvidos, além de ser, a cada dia, mais utilizada em termos de educação (Matozo; Hartmann, 2008).

Para esse exercício, foi solicitado aos alunos que organizassem seus respectivos mapas mentais digitais, utilizando como base o trajeto entre suas casas e a escola, e vice-versa. A produção do mapa contou com o uso do programa Microsoft Paint, do Sistema Operacional Windows, seguindo a mesma lógica dos mapas mentais desenhados à mão. O contexto desses alunos era a cidade de Araucária, no Paraná; logo, as observações que foram feitas dizem respeito aos respectivos bairros dessa cidade e das infraestruturas que nela havia na época.

Cada mapa mental digital revelou informações surpreendentes, pois o mundo vivido pelo aluno é composto por suas experiências do dia a dia, e quando evocamos essas experiências percebemos que lembramos exatamente daquilo que nos faz sentido, que nos traz nossas práticas socioculturais, que nos dá pertencimento ao lugar, ou seja, o que nos torna parte desse espaço transformado.

Vejamos as produções e as análises respectivas nas seções a seguir.

4.3.1 Análise do mapa mental 1

Essa produção realizada pelo aluno M. A. demonstra que ele consegue perceber o contorno no município de Araucária (PR) e que os bairros mais significativos para ele são exatamente aqueles que fazem parte do seu percurso diário, entre sua casa (bairro Estação), o bairro onde trabalha (bairro Thomas Coelho) e a localização da escola (bairro Centro). Informações obtidas junto ao aluno desvendaram também que a casa de seus avós se localiza no bairro Iguaçu, o qual remete a lembranças da infância do aluno. Podemos perceber também no mapa mental digital 1 (Figura A, disponível na seção Anexos ao final deste livro) que a Rodovia do Xisto (BR 476) é um elemento divisor no município, ou seja, divide o lado onde o aluno mora do lado onde os avós dele moram.

4.3.2 Análise do mapa mental 2

O segundo mapa mental digital (Figura B, disponível na seção Anexos) demonstra que o aluno não reconhece o contorno do município de Araucária (PR) como um fator delimitante, mas reconhece os municípios que fazem limite com a cidade em questão. A produção do aluno aponta para alguns signos representativos, como a Petrobrás (Refinaria Getúlio Vargas), a Igreja Matriz, a Companhia Siderúrgica Nacional (CSN) e a empresa Gerdau. Nesse mapa mental digital, assim como ocorreu no mapa anterior (Figura A), houve o suprimento de alguns bairros, que, de acordo com a legenda do mapa, "não estão inclusos, pois são irrelevantes". Esses bairros foram considerados pelo autor menos relevantes do que o curso do Rio Iguaçu, que mereceu destaque na produção, talvez pela importância histórica na formação da cidade de Araucária ou pela condição ambiental em que se encontra atualmente.

4.3.3 Análise do mapa mental 3

Ao observarmos o mapa mental digital 3 (Figura C, disponível na seção Anexos), conseguimos perceber elementos diferentes, como o fato de não haver nenhuma delimitação territorial. O elemento cultural religioso é preponderante no mapa, com destaque para a Igreja Matriz da cidade de Araucária (PR), que se destaca na região central como um poder simbólico e histórico, uma vez que a ocupação da cidade se deu por meio dos imigrantes católicos, especialmente poloneses e ucranianos.

O Colégio Técnico Industrial (CTI), no Bairro Thomas Coelho, e o terminal rodoviário Vila Angélica são elementos diferenciais nesse mapa mental digital, contrastando com o posicionamento da Rodovia do Xisto (BR 476), que, diferentemente dos mapas mentais digitais apresentados anteriormente (Figuras A e B), é apenas inserida no mapa, não interferindo na paisagem urbana da cidade.

4.3.4 Análise do mapa mental 4

Finalizando nossa análise dos mapas digitais, o mapa mental digital 4 (Figura D, disponível na seção Anexos) nos apresenta novos elementos para discussão, pois o aluno insere a Rodovia do Xisto (BR 476) sem uma continuidade, aparecendo repentinamente na paisagem urbana, e de modo diferenciado dos demais mapas mentais. O aluno tenta estruturar um sistema viário, mesmo sem muita precisão, e alguns elementos se destacam na paisagem, como a Igreja Matriz, o hospital municipal e a prefeitura da cidade. Além desses, o Colégio Estadual Júlio Szymanski e o Colégio São Vicente são elementos culturais com algum significado para esse mapa mental digital.

4.3.5 Compreendendo os mapas produzidos[ii]

A utilização de mapas mentais, digitais ou não, compreende o campo da geografia cultural, buscando contribuir na construção desses conhecimentos e destacando que a observação do mundo vivido do aluno tem importância nessa construção. Algumas considerações devem ser destacadas, como a presença da Igreja Matriz de Araucária (PR), que caracteriza o forte apelo religioso ainda presente na cidade, uma cultura enraizada no processo de colonização araucariense. A Rodovia do Xisto (BR 476) esteve presente em todos os mapas mentais analisados, indicando que se trata de um elemento presente culturalmente na memória de quem vive nessa cidade, seja como um elemento que divide, seja como elemento integrador, apresentando relevância no espaço.

As escolas que apareceram nos mapas apresentados nos revelam que são espaços significativos, pois podemos considerá-las como mundo vivido do aluno, com recordações e, em alguns casos, até mesmo sentimentalidades. Outro elemento que merece destaque são os delimitadores do espaço, presentes nos dois primeiros mapas mentais digitais e ausentes nos dois seguintes. Ao ser analisada essa questão do "limite", percebemos claramente o conceito de pertencimento, de lugar; essa delimitação do mundo vivido passa a ser o reconhecimento do espaço em que o autor do

---

ii. Para saber mais sobre análise de mapas mentais, consulte: Kozel; Galvão, 2008; Magalhães Filho; Oliveira, 2013; Nitsche; Kozel, 2013.

mapa está inserido. Os mapas mentais digitais 3 e 4 (Figuras C e D), nos quais o espaço não foi delimitado, justificam-se nos fatos de que o autor do mapa mental digital 3 reside no município vizinho (Contenda-PR) e o autor do mapa mental digital 4 mora na área rural de Araucária (PR), num bairro bastante afastado, denominado Tietê, pertencente à zona rural e onde seus avós ainda moram, fato que demonstra o vínculo sentimental expressivo com o lugar.

A utilização dos mapas mentais pode ser mais aprofundada se, para isso, forem utilizadas outras metodologias, como é o caso da metodologia Kozel (2007, p. 39), que nos proporciona um olhar diferenciado, mais criterioso na aferição de novos dados:

1. Interpretação quanto à forma de representação dos elementos na imagem;
2. Interpretação quanto à distribuição dos elementos na imagem;
3. Interpretação quanto à especificidade dos ícones;
    » Representação dos elementos da paisagem natural;
    » Representação dos elementos da paisagem construída;
    » Representação dos elementos móveis;
    » Representação dos elementos humanos;
4. Apresentação de outros aspectos ou particulares.

Utilizar essa metodologia permite-nos uma observação mais organizada, profunda e criteriosa sobre aquilo a que vamos inferir juízo de valor. Podemos também realizar comparações, percebendo os variados signos contidos em cada mapa mental, a partir de análises simples, como a representação das formas dos elementos na paisagem. É nesse momento que se destacam ícones como letras, linhas e figuras geométricas que representam limites territoriais, contornos, centralidades, avenidas, ruas e rodovias, rios, pontes, entre outros elementos.

A observação desses elementos de forma criteriosa nos ajuda a entender como o aluno vivencia seu espaço, seu mundo vivido; ajuda-nos a compreender se ele estabelece ou não uma relação de pertencimento, de amizade, de afetividade com o lugar. Essa interação com outras pessoas propicia uma construção simbólica do ter, do pertencer, do estar, e a interação com as regras sociais determina os significados referentes ao espaço vivido, significados esses que podem ser estéticos, afetivos, históricos ou emocionais.

A metodologia Kozel (2007), num segundo momento, possibilita identificar as variadas formas de como os signos se apresentam, contribuindo efetivamente para demonstrar como os indivíduos constroem sua visão de mundo. Elementos da cartografia como a visão em perspectiva, a horizontal, a vertical e a oblíqua são importantes, auxiliando na observação da existência ou não de elementos dispersos pelo mapa e revelando como se dá a relação dessa pessoa com o mundo em que está envolvida.

A interpretação quanto à especificidade dos ícones já é mais aprofundada, pois nesse ponto o indivíduo insere informações relevantes, impregnadas de valores culturais que somente serão revelados segundo quem os representa. Um exemplo é o ícone que representa uma igreja. Esse ícone será mais presente nos mapas mentais daqueles que culturalmente vinculam-se a esse lugar. Uma igreja tenderá a aparecer mais vezes nos mapas mentais das pessoas que frequentam igrejas, que têm laços e vínculos no sentido pleno da religiosidade.

Ícones representativos como lojas, lanchonetes ou a reprodução de uma determinada logomarca também podem estar carregados de significado, imersos num mundo de símbolos, reais ou não, de forma complexa, conectados com o ambiente em que foram originados.

Santos (2002, p. 16) aponta a existência de "lugares mundiais" não havendo, entretanto, "espaço mundial", pois quem se globaliza são as "pessoas". Dessa maneira, o contato com novas formas, novos desenhos, novas estruturas depende da percepção de cada indivíduo.

Um ícone que represente a rede de lanchonetes McDonald's, por exemplo, não representa apenas um espaço de alimentação, representa aquilo que é "moderno", que dá *status*, e toda essa modernidade deve ser observada levando em conta as relações físicas e sociais, que são complexas e ultrapassam as distâncias, sejam elas locais, sejam regionais ou mundiais; distâncias "encurtadas" atualmente por meio da internet e da informatização.

De acordo com Santos (1988, p. 98):

> Cada lugar combina variáveis de tempos diferentes. Não existe um lugar onde tudo seja novo ou onde tudo seja velho. A situação é uma combinação de elementos com idades diferentes. O arranjo de um lugar, através da aceitação ou rejeição do novo, vai depender da ação dos fatores de organização existentes nesse lugar, quais sejam espaço, a política, a economia, o social, o cultural.

Nesse sentido, reconhecer esses elementos com auxílio da metodologia Kozel (2007) nos permite adentrar pausadamente na decodificação da representação, dando compreensão à forma dos signos e sua disposição para, posteriormente, compreendermos a mensagem, entendendo que a as representações, segundo Kozel (2007, p. 39):

assumem um caráter de "Cartografia Cultural", sobretudo por incorporar aspectos da Geografia humanista-cultural, estabelecendo ligações com a percepção/cognição ambiental e, nessa proposta, se respaldando no conceito de dialogismo inerente à teoria linguística Bakhtiniana de referência ao lugar e ao mundo vivido.

As ações cotidianas nos ajudam a construir nossas objetivações humanas, que, segundo Duarte (2001, p. 127), são "todas as construções cientificas já produzidas e que os homens se apropriam da sua formação social". Nessas atividades diárias, construímos "linguagens e costumes" e, com isso, estabelecemos, segundo Duarte (2001, p. 127) nossas "objetivações genéricas em si", que dizem respeito "à ciência, a arte, a filosofia, a moral e a política".

Essa geografia cotidiana é muito menos abstrata; ela está repleta de vivência, de trocas de experiências, envolvida numa coletividade, sendo muito diferente da geografia científica. A geografia científica, diferentemente da geografia cotidiana, está carregada de abstrações, talvez por ser elaborada por técnicos para ser utilizada por aqueles que detenham o conhecimento semântico cartográfico. Dessa forma, entre um mapa científico de estilo tradicional e um mapa mental (pictórico), este pode ser muito mais funcional ao indivíduo, justamente por fazer parte do seu cotidiano.

4.4 Estudo de casos de mapas mentais[iii]

Para demonstrar a aplicabilidade dessa metodologia em termos de mapa mental, apresentaremos a seguir um trabalho realizado por Matozo (2009). Essa atividade foi realizada com um grupo de 20 alunos do ensino de jovens e adultos do Centro Estadual de Educação Básica para Jovens e Adultos (Ceebja) do município de Araucária (PR). Esses alunos se encaixavam em uma faixa etária entre 18 e 70 anos, o que representava um universo múltiplo e heterogêneo.

A pesquisa foi estruturada em três etapas distintas:

» 1ª etapa – desenvolvimento dos mapas mentais manuais (com lápis e papel);
» 2ª etapa – desenvolvimento dos mapas mentais digitais (no computador);
» 3ª etapa – desenvolvimento dos mapas mentais digitais (no computador, após a visualização de imagens aéreas, com apoio do *software* GoogleEarth[iv]).

Essas atividades foram desenvolvidas durante as aulas de Geografia e a inserção cartográfica era uma das preocupações do professor, a fim de verificar o nível de assimilação de cada aluno nesse contexto. Portanto, foram utilizados os mapas mentais como ferramenta de análise. Após algumas exposições sobre mapas, cartas e plantas topográficas e sobre mapeamentos e elementos contidos nos mapas, foi sugerido que os alunos elaborassem

---

iii. O conteúdo desta seção foi elaborado com base no trabalho de Matozo (2009).

iv. Existem outras possibilidades de *softwares* para visualização de imagens, como Spring, Quantun GIS, OSSIM, entre outros.

um mapa mental, representando o deslocamento que faziam das suas respectivas casas até a escola, com a utilização de uma folha de papel, lápis e borracha. Essa foi a primeira etapa.

Após elaborarem seus respectivos mapas mentais no papel, os alunos foram encaminhados ao laboratório de informática da escola, a fim de que tivessem contato com o computador, sendo que, para alguns deles, esse contato com o computador foi o primeiro da vida. Durante esse período de adaptação com os computadores, os alunos foram instruídos a utilizar a ferramenta PaintBrush, desenhando livremente, criando formas geométricas, colorindo, criando traços com linhas e retas, numa atividade bastante lúdica.

Após esse período de adaptação e reconhecimento da ferramenta de desenho, passamos para a segunda etapa, em que foram instruídos a elaborar outro mapa mental, agora no computador, um mapa mental digital, com a mesma proposta, estruturando o trajeto que percorrem das suas casas até a escola.

A terceira etapa também aconteceu no laboratório de informática do Ceebja de Araucária (PR). Nesse momento, os alunos utilizaram a internet para auxiliar no trabalho, acessando o GoogleEarth, um *software* gratuito que permite a visualização de lugares no mundo todo. Uma vez acessada a página do GoogleEarth, os alunos foram orientados a digitar a palavra Araucária na barra de pesquisa para que a ferramenta apresentasse dados sobre essa cidade. No passo seguinte, os alunos foram orientados a localizar sua casa ou a escola, uma atividade que se revelou simples demais para uns, difícil demais para outros e muito prazerosa para alguns, especialmente para aqueles com idade mais elevada, que demonstravam certa perplexidade ao perceber, via imagens, a localização de suas casas, a proximidade de certos pontos ou mesmo a distância entre outros pontos que conheciam.

Realizar virtualmente o trajeto entre suas casas e a escola mostrou-se uma atividade repleta de revelações, com expressões como: "Nossa, não sabia que tinha tanta coisa no caminho", ou "Eu nem sabia que tinha essa rua aqui perto de casa", ou ainda: "Existe outro caminho que posso fazer para vir para a escola", despertando cada vez mais a curiosidade entre os alunos, num misto de perplexidade, curiosidade, satisfação e encantamento.

Finalizando a terceira etapa, foi solicitado aos alunos que, após realizarem o percurso virtualmente, voltassem ao PaintBrush, a mesma ferramenta que já haviam utilizado para criar o primeiro mapa mental digital de cada um deles. Entretanto, nesse momento, deveriam elaborar um segundo mapa mental digital, com base nos dados analisados no Google Earth.

4.4.1 Mapas mentais manuais e digitais

As análises a seguir utilizaram a metodologia Kozel (2007), a fim de demonstrar os resultados da aplicabilidade, tanto do uso de mapas mentais como de uma metodologia de análise comparativa.

Ícones e letras

Na Figura E (disponível na seção Anexos), é possível notar a **cruz** como ícone representativo do cemitério, espaço visível no trajeto do aluno até sua casa, o **v** representando a plantação e indicativo de vínculo do aluno com a área rural. Além disso, notam-se palavras (letras) que servem de elemento de reforço da ideia de rio, ponte, rodovia, uma forma de o autor do mapa demonstrar com exatidão seu trajeto.

No mapa mental indicado na Figura F, disponível na seção Anexos, também é possível a identificação de ícones. O **trilho de** trem atravessando a rodovia, o tracejado simbolizando a **plantação**, bem como a placa de sinalização na rodovia. Podemos observar o uso de letras reforçando a ideia da representação de uma área de reserva ambiental que, para o aluno, pode representar algo de grande importância, por ter sido reforçada na sua representação.

Perspectiva

Neste mapa mental (Figura G), é possível perceber o lago ao centro e as árvores dispostas em perspectiva, demonstrando uma observação do autor sobre o entorno do lago do Parque Cachoeira, em Araucária. Observa-se também que um dos lados do lago não apresenta árvores, representando o local onde os usuários do parque costumam alimentar os peixes com pipoca ou sentar-se para contemplar a beleza do lago.

Imagem circular

No mapa mental indicado na Figura H, é possível perceber imagens circulares representando tanto uma **rotatória** como uma **praça**. O elemento circular nos ajuda a entender como se processa a formação da imagem no pensamento do aluno, em que um círculo pode representar mais de uma ideia.

Analisar esses mapas mentais manuais tendo como suporte a metodologia Kozel (2007) contribui para a identificação mais criteriosa de alguns elementos que se destacam nas elaborações mentais, como ícones e letras, bem como elementos circulares ou desenhos em perspectiva. A utilização dessa metodologia permite que seja contextualizado o mapa mental com o mundo vivido do aluno, com sua carga cultural, social e afetiva.

Os mapas mentais analisados na sequência pertencem à segunda etapa do trabalho realizado com os alunos, ou seja, foram elaborados no computador, com a utilização da ferramenta PaintBrush, e revelaram outras informações importantes que merecem destaque nesta análise.

Ícones e letras

Neste mapa mental digital (Figura I), destaca-se a tentativa do aluno de representar um mapa do seu trajeto, enquadrando as principais informações, assim como uma legenda no canto superior direito. Além disso, notam-se os ícones **flechas** indicando as direções tomadas, um reforço intencional por parte do autor do mapa. Percebe-se, pela organização de uma legenda, uma assimilação das discussões em sala de aula sobre os elementos que constituem um mapa.

Elemento circular, ícones e letras

O mapa mental da Figura J mostra o elemento circular como representativo das instituições bancárias existentes no trajeto do aluno. É possível perceber ainda o uso de ícones como **muro da escola** e também o uso de palavras (letras) para reforçar a informação. A representação utilizando cores indica uma interação visual presente no mundo vivido do aluno.

Os exemplos de mapas mentais digitais das Figuras I e J nos permitem inferir que, ao serem utilizadas outras ferramentas de construção, é possível que novos elementos apareçam nos mapas. Portanto, quando o mapa foi desenhado no papel, com lápis, se o aluno omitiu algum ícone por ter sentido alguma dificuldade em representar esse ícone, no computador, ao utilizar uma ferramenta mais apropriada, essa indicação pode ter sido realizada de modo mais confortável.

4.4.2 Sequências de mapas mentais manuais e digitais produzidos antes e depois da utilização de *software*

Para finalizar a discussão sobre os mapas mentais e o uso de uma metodologia de análise específica – nestes casos, a metodologia Kozel (2007) –, confira, na seção Anexos, as duas sequências de três mapas mentais elaborados por dois alunos (cada aluno elaborou três deles), produzidos antes e após a utilização do *software* Google Earth. A análise das sequências produzidas pelos alunos, que será detalhada a seguir, permite que sejam percebidas as alterações ocorridas em cada etapa.

Diante do exposto, ficou evidenciado que a elaboração de mapas mentais está diretamente ligada às informações que recebemos ao longo das nossas vidas, nas nossas interações sociais. É possível perceber a conexão entre o real e o abstrato, uma vez que o aluno, mesmo realizando virtualmente seu trajeto, consegue reconhecer elementos que fazem parte do seu cotidiano e do espaço em que está inserido.

As transformações que ocorreram nas produções dos alunos, mesmo que gradativas, aconteceram por meio do reconhecimento do seu mundo vivido, da compreensão das conexões estabelecidas entre concreto e abstrato. Os procedimentos de produção dos mapas mentais (manual, digital, acesso a imagens de satélite e reconstrução do mapa digital) permitiram que fossem tomadas, gradativamente, ações de inserção de elementos diferenciados, os quais, no conjunto final, parecem estar mais nítidos no olhar do autor de cada mapa.

Não a temos intenção de afirmar que a metodologia Kozel (2007) seja a única ou a melhor opção metodológica para trabalhos com mapas mentais, queremos apenas demonstrar que ela pode ser uma dessas possibilidades. Assim, a utilização de uma metodologia reforça a importância de se ter em mãos um método para efeitos de comparação entre o antes e o depois, entre o manual e o digital, pois, sem uma metodologia norteadora, é possível que escapem elementos que estavam dispersos numa produção e passaram a fazer parte em outras produções. Enfim, o que podemos destacar, de forma a finalizar essa discussão, é que ignorar a importância dos mapas mentais é negar às pessoas uma nova possibilidade de efetivamente compreender seu mundo vivido.

Síntese

Mapa conceitual – Síntese

Mapas mentais
"Em resumo, um mapa mental pode ser a planta de rua que uma pessoa lembra quando descreve o caminho para um amigo, ou pode ser a representação cartográfica de um geógrafo sobre as impressões que as pessoas têm de determinados lugares" (Tuan, 1985, p. 209).

Mapas mentais digitais
São mapas que foram produzidos seguindo o mesmo entendimento de um mapa mental comum; entretanto, utilizando o computador.

Análise comparativa entre mapa mental manual e digital
Partiu-se do princípio de identificar quais elementos se destacam em cada produção para, enfim, por meio da metodologia Kozel (2007), efetuar as análises necessárias para a identificação das modificações ocorridas em cada uma das produções.

Estudo de casos de mapas mentais

O contexto desse estudo de caso está intimamente ligado aos passos dados pelo aluno que produziu os mapas analisados; esse aluno pôde produzir um mapa mental manual, um mapa mental digital e, posteriormente, outro mapa mental digital –esse último, porém, depois de observar o trajeto em questão utilizando o Google.

Atividades de autoavaliação

1. Marque a alternativa que completa a afirmativa a seguir de modo correto. A utilização da metodologia Kozel (2007) reforça a ideia de que:
   a) usar essa metodologia é a única opção existente.
   b) ao utilizar um mesmo método em trabalhos diferentes, os resultados serão sempre os mesmos.
   c) a utilização de uma metodologia contribui para que aumentem as possibilidades de aproveitamento de determinada pesquisa.
   d) não é necessário uso de nenhum tipo de metodologia ao analisar mapas mentais, uma vez que esses mapas não são produções técnicas.

2. Conforme a metodologia Kozel (2007), quais dos elementos a seguir podem estar presentes nos mapas mentais?
   a) Elementos da paisagem natural.
   b) Elementos da paisagem construída.
   c) Ícones e letras; elementos circulares; perspectiva.
   d) Todas as anteriores.

3. As produções dos mapas mentais (manuais e digitais) estudados no capítulo revelaram informações importantes sobre o

mundo vivido do aluno. Com base nas informações apresentadas, assinale a alternativa INCORRETA:
a) A visualização do *software* Google Earth possibilitou ao aluno uma nova visão do espaço onde vivia.
b) É possível perceber uma evolução na produção dos mapas mentais, com inclusão de novos elementos.
c) Não houve nenhuma alteração na produção dos mapas mentais, pois a observação do Google Earth foi irrelevante.
d) A produção do mapa mental digital mostrou-se mais completa, uma vez que o aluno pôde perceber mais detalhes ao utilizar o Google Earth.

4. Marque a alternativa que completa a afirmativa de modo correto. Segundo Santos (1988), os lugares apresentam características próprias além disso:
a) cada lugar combina variáveis de tempos diferentes; não existe um lugar onde tudo seja novo ou onde tudo seja velho.
b) cada lugar sempre apresentará as mesmas características, se revelando imutável.
c) os lugares sempre serão lugares novos e agradáveis.
d) os lugares são revelações de elementos culturais, que combinam com o conceito de territorialidade, território e paisagem ao mesmo tempo.

5. Em relação a mapeamento cognitivo, assinale a alternativa correta:
a) Nos anos 1960, o mapeamento cognitivo era dado como a existência de um espaço objetivamente mapeável e mapeado, contudo, sabemos atualmente que é muito mais do que isso.

b) Num sentido mais amplo, todos os mapeamentos são "cognitivos", amarrados em discursos históricos e em culturas específicas, contudo, todos os mapeamentos envolvem escolhas, omissões, incertezas e intenções.

c) Ao escolhermos elementos para compor nosso mapa mental o fazemos sabendo da importância e relevância que esses têm em nossas vidas.

d) Todas as alternativas anteriores estão corretas.

Atividades de aprendizagem

Questões para reflexão

1. O capítulo estudado revelou as possibilidades que os mapas mentais podem oferecer ao indivíduo para o entendimento do mundo vivido por ele, revelando elementos que compõem as paisagens e que são significativos no dia a dia das pessoas. Com base nessas informações e no conteúdo estudado neste capítulo, elabore um mapa mental manual que represente um trajeto, que pode ser da sua casa até sua escola ou da sua casa até seu trabalho.

2. Com base nas observações feitas sobre a metodologia Kozel (2007), registre quais elementos estão presentes no seu mapa mental e faça comentários esclarecendo por que você os indicou no mapa.

Atividade aplicada: prática

De posse do mapa mental construído para as questões anteriores, utilize agora o *software* Google Earth (ou outro *software* de mapas) para visualizar o trajeto que você construiu. Observe quais elementos você não registrou no seu mapa mental e responda:

a) Quais elementos ficaram de fora do seu mapa mental?
b) Algum deles é significativo? Ou seja, algum deles tem relevância no seu dia a dia?
c) Quais elementos estão presentes tanto no seu mapa mental quanto na imagem do Google Earth?
d) Segundo o seu ponto de vista, por que esses elementos apareceram tanto no seu mapa mental como na imagem do *software*?

5 Múltiplas análises sociais e culturais

A proposta desse capítulo é levar o leitor a perceber que as paisagens são muito mais do que aquilo que contemplamos num olhar, numa fotografia, pois apresentam inúmeras possibilidades de observações, desde que tenhamos outros olhares, outras perspectivas.

Existem, pois, outras paisagens a serem estudadas, como as paisagens sonoras, que revelam elementos culturais, que podem ser percebidos pelo indivíduo mediante suas experiências vividas. Como exemplo, podemos pensar em uma cidade com muitas indústrias, muitos carros, muitas pessoas; essa cidade terá seus barulhos, que comporão a paisagem. Ou, num outro exemplo, podemos pensar em uma paisagem com uma cachoeira; essa cachoeira emitirá um som específico, único para aquela paisagem, que somente quem a vivenciou saberá quão relevante é esse barulho da cachoeira para o lugar em questão.

Além da paisagem sonora, podemos perceber outras paisagens dentro da paisagem, como a olfativa, a tátil ou a do imaginário, conforme proposto pelas pinturas de Gauguin, que revelou uma paisagem segundo sua ótica, mas que pode ser interpretada conforme as experiências vividas pelos indivíduos. Esse fenômeno contempla a chamada *geopoética*, uma alternativa nova dentro do campo da geografia.

5.1 A geopoética

Estarmos numa sociedade denominada *moderna* nos insere numa dinâmica de mundo um tanto quanto acelerada, em que estamos constantemente buscando algo a mais, seja uma nova produção acadêmica, seja uma promoção no trabalho, um salário melhor, uma roupa, um sapato ou um carro mais novo; enfim, parece-nos que o tempo passou a ser nosso adversário, pois nos encontramos sempre na busca incessante desse inatingível. Sabendo disso, as máquinas de *marketing* e mídias diversas se aproveitam, nos forçando a entrar cada vez mais nessa corrida sem fim.

Sendo assim, como podemos observar o mundo que nos cerca, que nos envolve? Estamos tão atribulados que nossa percepção deixa escapar detalhes que podem demonstrar outro mundo vivido, um outro espaço, carregado de novos significados e de novas sensações e emoções.

Buscando esse outro olhar, essa nova perspectiva, o autor Kenneth White (2016) elaborou, na década de 1990, o conceito de geopoética, que prima por abrir espaço ao novo, ao sensível, ao vivenciado. Nessa perspectiva, Kozel (2012, p. 66), aprofundando o debate sobre a geopoética, nos aponta que:

> Em Geopoética a poesia, o pensamento e a ciência podem convergir em reciprocidade para romper com as fragilidades inerentes à fragmentação e dualidade do conhecimento vislumbrando o "todo"; a "inteireza" do ser humano no mundo buscando refletir sobre a vida na terra e o papel do ser humano nesse contexto.

Podemos entender que essa postura implica termos outro comportamento para com o espaço, para com as paisagens que nos rodeiam; faz-se necessário dedicarmos um tempo para a contemplação, para a apreciação do belo na sua essência. É como pensar no Machu Picchu: ali não está apenas uma paisagem; inúmeras são as respostas sobre a sua essência; quem a contempla infere valores, sonhos, desejos, a luta de um povo, com glória e derrotas, raízes, conhecimentos, sons, cheiros, cores, uma múltipla ordem de sentidos e sensações, uma poesia, um encanto.

Contrastando com o exemplo anterior, que por si só é contemplativo, tomemos como exemplo a estrutura de uma comunidade carente, com construções precárias entrelaçadas aos fios e com telhados disformes, num emaranhado de corredores e escadas. Quais os sons e os cheiros? Quais são os mundos vividos ali inseridos? Não é possível observar essa paisagem apenas num determinado prisma; é necessário ir além, estabelecer sentido, valores, sentimentos para entender a paisagem e ressignificá-la.

Kozel (2012, p. 69) nos remete ao conceito de percepção do seguinte modo: "ao pensar a paisagem na sua inteireza na perspectiva da poética nos remete a diferentes conexões como os odores que nos envolvem e propiciam sensações diversas e inusitadas", estabelecendo, dessa forma, uma conexão com o espaço, com o lugar. Assim, percebemos a necessidade de uma intensidade, uma profundidade, para entendermos que na geopoética é possível que alguns odores nos remetam a lugares específicos, tais como a casa dos nossos avós, a estrada por onde passamos, a feira que frequentávamos. Esses são registros geopoéticos.

Seguindo nessa direção de pensamento, podemos resgatar conceitos de odores de poluição, aterros sanitários, lixões, esgotos e conectá-los com uma relativa desvalorização de determinada área; ou seja, somos impelidos a pensar positivamente ou negativamente por meio dos odores, das nossas sensações. Contribuindo na discussão, Bouvet (2012, p. 10) nos mostra que:

> A geopoética atravessa diferentes territórios. A começar por aqueles que constituem as disciplinas: enquanto campo de pesquisa e criação transdisciplinar, a geopoética visa descompartimentalizar as

disciplinas que são a geografia, a literatura, a filosofia, as artes, as ciências da terra, etc. Em seguida, a configuração do Arquipélago geopoético implica uma travessia dos territórios que são as pequenas ilhas situadas em diferentes lugares do planeta. Enfim, importa, em geopoética, atravessar diferentes territórios geográficos e culturais. Em seus ensaios, Kenneth White insiste na necessidade de sair, a fim de captar, graças à viagem, toda a beleza do mundo, que se encontra, dentre outras coisas, em sua diversidade, e de explorar, graças ao nomadismo intelectual, os diferentes saberes e as diferentes obras artísticas e literárias desenvolvidas nas mais diversas culturas.

Os apontamentos de Bouvet (2012) nos levam a entender que os lugares tendem a ser muito mais que do que aquilo que se apresenta nas representações cartográficas, frias e exatamente localizadas. Bouvet (2012, p. 11) afirma ainda que "a cartografia científica à qual somos submetidos, com aparelhos muito sofisticados e medidas muito precisas, deixou imensas zonas de sombra. A partir do momento em que o olhar tenta captar a poesia dos lugares e surpreender o brilho da vida cotidiana, tudo muda".

Desligar-se um pouco dessa sofisticação, dessa padronização, da exatidão e de precisão dos cálculos é o que o próprio White (1990, p. 1, tradução nossa) propõe: "Para Einstein, claridade e narrativa são, no final das contas, incompatíveis [...] é preciso sairmos das ciências duras, da rigidez, para entrar nas ciências suaves dando importância à flutuação, à irregularidade, à complexidade". Assim, podemos entender, de forma mais profunda, embasados nos propósitos de White (1990), quão amplo seria debater sobre o Caminho de Santiago de Compostela. Para percorrê-lo, o peregrino poderá fazer uso de diferentes percursos, mas que levam ao mesmo destino. O peregrino registraria a própria paisagem, uma vez que cada viajante interpretaria, de forma muito peculiar, os sons, os odores e os elementos visuais do trajeto. Cada pessoa passaria a sentir suas paisagens, suas estruturas e, inevitavelmente, esses elementos estariam ligados às suas concepções culturais.

5.2 Paisagens sonoras

As paisagens são muito mais do que aquilo que observamos visualmente; elas oferecem uma poética a ser vivenciada, nelas existem outros elementos que as traduzem, como o tátil, o visual e também os elementos sonoros e olfativos. Em sua tese de doutoramento, Marton (2008, p. 16), citando Teresa Vergani, escreve que "os homens correm, enquanto as árvores crescem"; afirma ainda, com base nos apontamentos de Almeida (2005), que "vivemos [...] a cultura da pressa".

Essa pressa nos impede de perceber o que temos ao nosso redor, não nos atentamos aos elementos das paisagens que nos rodeiam, o que é muito bem explorado por Marton (2008), que, com seu olhar mais amplo, traduz a ideia de que se não temos raízes, não teremos jamais nossas histórias. O sentido dessa afirmação está na transformação acelerada das paisagens atuais, no frenesi das construções, buscando acomodar mais e mais pessoas em menores espaços. Longe de querermos ser nostálgicos, de querer ouvir os sons do gado leiteiro ou das carroças e dos bondinhos puxados a cavalos, que transitavam pelos caminhos, não é essa a questão, mas sim tentar não deixar que se percam, inclusive, a sensibilidade do olhar, do perceber, do sentir os lugares.

De acordo com Schafer (2001), existem sons fundamentais como água, vento, pássaros, existem os sinais (que nos chamam a atenção como sirenes, apitos e buzinas), e também a marca sonora (som característico de uma cidadezinha portuária, de um sítio com uma cachoeira, um lugar cortado por uma linha férrea. Nesse contexto, a audição é um modo de tocar a distância e a intimidade do primeiro sentido funde-se à sociabilidade cada vez que as pessoas se reúnem para ouvir algo especial.

A lógica, principalmente a urbana, é de sobreposição de infraestruturas, saindo a velha casa e entrando o novo prédio, ao som dos repetidos toques de serras e martelos, bate-estacas e betoneiras, buzinas de caminhões e tratores em marcha a ré. Essas novas construções colocarão em esquecimento os fatos vividos naquela casa, a importância daquela família para aquele lugar; os laços criados com o lugar já não serão mais os mesmos, pois quem irá morar no novo prédio pode não ter nenhuma ligação com esse lugar.

Serão pessoas dali mesmo ou serão pessoas que vieram de fora? Quais os laços que essas pessoas têm com o lugar? Esse prédio terá lojas? Existirão propagandas em suas fachadas ou será um lindo jardim com árvores frutíferas pelo quintal, como os de outrora, que foram objetos de pequenos roubos de frutos, quando grupos de meninos brincavam de bola no gramado em frente?

Conforme Marton (2008, p. 17):

> Podemos dizer que a poluição visual e sonora das grandes cidades se coaduna com a poluição da pressa; da falta de afeto, de apego e de enraizamento, que têm se expandido de modo vertiginoso no mundo contemporâneo. Essa poluição não somente esgota o campo

sensorial dos nossos corpos, como também exaure os sentidos da vida humana. Estamos ensurdecidos.

Temos então argumentos a serem analisados em termos da paisagem sonora que nos rodeia. É necessário ouvir mais para melhor interpretar a natureza, ela nos dá informações precisas e valiosas, basta-nos entendê-la e melhor aproveitá-la.

Em outra observação, Torres e Kozel (2016), no trabalho intitulado *A percepção da paisagem sonora da cidade de Curitiba*, destacam que os sons podem ter efeito contrário, ou seja, não são apenas aqueles que nos fazem bem, nos trazem calma e tranquilidade, boas lembranças ou nostalgia, resgatando memórias vividas. Existem sons que nos perturbam de alguma forma, nos tiram da zona de conforto emocional, como o barulho do trânsito intenso, aglomerações, sons de vendedores ambulantes, das lojas que fazem promoções utilizando caixas de sons e locutores em suas portas na tentativa de atrair mais a atenção daqueles que passam pelas ruas e calçadas.

O trabalho de Torres e Kozel (2016) aponta que a região central de Curitiba oferece uma sonoridade não agradável, o que foi comprovado por meio dos resultados de um questionário aplicado aos entrevistados, sendo que 85% desses entrevistados consideraram o centro da cidade barulhento, porém, por outro lado, os resultados demonstraram que um som barulhento pode ser elemento de sociabilidade, como nos encontros, em festas com músicas em volume alto, algo que pode favorecer esse elemento. A paisagem sonora, conforme destacamos, nos mostra que existem longos caminhos a serem percorridos dentro da geografia cultural, revelando possibilidades múltiplas para se entender melhor o espaço, as paisagens e os lugares.

5.3 Paisagens e imaginário

O contexto das paisagens e do imaginário está vinculado ao olhar sensível, que busca uma interpretação contemplativa, que consegue ir além do que é visível, rompendo com a cientificidade imposta por métodos e teorias. Nesse sentido, a contemplação de uma obra de arte pode ser de valiosa expressão, oportunizando ao expectador um olhar além da tela, além da pintura em si.

Muitos artistas retrataram e ainda retratam paisagens. Porém, não basta apenas observá-las, é necessário buscar elementos contidos nessas paisagens, seus históricos, suas realidades, a fim de ressignificá-las, dando a essa paisagem valores adicionais, de certa forma, trata-se de uma liberdade interpretativa.

Quando um artista imprime sua paisagem, o faz a partir da sua concepção, conforme indica Moraes (2014, p. 19):

> A pergunta central que se faz a princípio é: o que seria uma paisagem e como ela se define como gênero pictórico independente na arte? A paisagem antes de ser um gênero de pintura está relacionada a uma experiência territorial e geográfica, definida como lugar, num sentido pragmático e instrumental. A ampliação do sentido de paisagem forma-se com a ideia de territorialidade, posta pela geografia, mas ressignificada pelas novas interpretações de mundo. As mudanças da forma e condição de interpretação do mundo mudaram seu próprio sentido de representação. É no modo de ver e de se ver no mundo que a visão da paisagem encontra o meio e a riqueza da atividade contemplativa e a base de um novo tipo de

experiência, um novo sentido de mundo para o sujeito que o contempla.

Assim, percebemos que existe uma informação a ser dada pelo autor, que representa a impressão de suas memórias, ou seja, a divulgação das características de determinado lugar. Diversas obras registraram informações importantes, traduziam realidades, algumas demasiadamente cruéis, frente às dificuldades enfrentadas pela população, como o caso da obra de Cândido Portinari, de 1944, intitulada *Retirantes* (Figura Q, disponível na seção Anexos).

Nessa obra, estão presentes mais do que simples traços, tinta e habilidade artística. Na tela, está retratada uma paisagem de alto teor crítico, que denunciava as condições de vida de uma parcela da população brasileira. Candido Portinari retratou a paisagem que via pela janela, na qual famílias inteiras iam e vinham, fugindo da seca que castigava o sertão nordestino, assolava vidas, desestruturava famílias, eliminava os animais e devastava vegetações.

A percepção dessa imagem de Portinari, no campo da geografia, nos possibilita o entendimento de nuances do território, suas características peculiares e as dimensões territoriais, uma vez que no nordeste do Brasil encontramos tão diversa composição climática, vegetativa e de perspectiva humana, enquanto a vida no litoral é tão diferente daquela vivida no agreste, com tamanha desproporção em termos de água, solo, vegetação e precipitação.

Obras como as de Tarsila do Amaral também podem contribuir para essa discussão, uma vez que as paisagens contidas nos trabalhos da artista revelam mais que simples traços artísticos, mas também paisagens – como na obra intitulada *São Paulo (Gazo)*, de 1924 (Figura R, disponível na seção Anexos).

A construção dessa paisagem por Tarsila do Amaral está relacionada ao contexto cultural pelo qual passava o Brasil, pós

Semana de Arte Moderna, ocorrida em 1922. Nessa representação, encontramos elementos da transformação urbana pela qual São Paulo passava, indústrias, grandes prédios, combustível "gazo", postes e fios elétricos, uma alusão ao desenvolvimento industrial e tecnológico pelo qual a paisagem sofria suas transformações.

Cosgrove (1999, p. 121) nos aponta que "as paisagens estão cheias de significados. [...] a recuperação do significado em nossas paisagens comuns diz muito sobre nós mesmos", como as traduzidas nas obras que citamos anteriormente, revelando ao observador mais significados, mais emoções, bastando apenas que ele tenha a sensibilidade de observá-las além do que é visível.

Essa sensibilidade brota de elementos culturais vivenciados, experimentados, que, sem dúvida, estão presentes na perspectiva de cada artista, que não produz suas pinturas sem impor suas impressões culturais. Para Schama (1996, p. 26), alguns elementos culturais conferem, inclusive, uma identidade, pois:

> os mitos e as lembranças da paisagem partilham duas características comuns: sua surpreendente permanência ao longo dos séculos e sua capacidade de moldar instituições com as quais ainda convivemos. A identidade nacional, só para mencionar o exemplo mais óbvio, perderia muito de seu fascínio sem a mística de uma tradição paisagística particular: sua topografia mapeada elaborada e enriquecida como terra natal.

Portanto, a apreciação de obras de arte pode contribuir de forma significativa para a construção de saberes no contexto da geografia cultural. Contudo, conforme Kozel (2012, p. 75), o espectador precisa ser criterioso antes de aferir um posicionamento, pois estudos desse autor sobre as produções de Gauguin revelaram que obras de arte podem ser interpretadas conforme aquilo que esse espectador deseja ver, segundo suas próprias interpretações, ou seja, segundo interesses pré-estabelecidos.

A obra de Paul Gauguin (Figura S, disponível na seção Anexos), conforme Kozel (2012), retrata mulheres na praia, vestidas, acusando que a modernidade ocidental havia afetado a cultura local, fato visivelmente claro na vestimenta usada por essas mulheres. Essa obra retrata um povo que agora anda vestido, que foi ocidentalizado. Desse modo, essa obra de Gauguin pode ser considerada, conforme Kozel (2012, p. 76), "um protesto à modernidade ocidental, a autenticidade perdida pelos 'civilizados'"; contudo, a interpretação divulgada, em vez de uma imagem de protesto, foi a imagem de um Taiti a ser conhecido, de um Taiti civilizado, de um novo roteiro turístico.

Com base nessas ponderações, destacamos que é necessário buscar sempre um ponto de equilíbrio entre o que pode e o que deve ser estabelecido como elemento de contribuição nas discussões que envolvem a geopoética, colocando em debate novas possibilidades para serem exploradas por novos olhares, novas pesquisas dentro do pensamento geográfico, entendendo que esse universo é amplo e que permite múltiplas análises e novas descobertas. Para isso, basta que o pesquisador se deixe envolver por essa geografia multifacetada, ou seja, que ele se liberte do pensamento tradicional, passando a ousar, a ver com outros olhos, a ouvir outros sons e perceber novas paisagens.

Síntese

Mapa conceitual - Síntese

Múltiplas análises sociais e culturais

A proposta desse capítulo buscou levar você, leitor, a perceber que as paisagens são muito mais do que aquilo que contemplamos num olhar, numa fotografia, e que apresentam inúmeras possibilidades de observações, desde que tenhamos outros olhares, outras perspectivas.

A geopoética

"Em Geopoética, a poesia, o pensamento e a ciência podem convergir em reciprocidade para romper com as fragilidades inerentes à fragmentação e dualidade do conhecimento, vislumbrando o '**todo**', a '**inteireza**' do ser humano no mundo, buscando refletir sobre a vida na terra e o papel do ser humano nesse contexto" (Kozel, 2012, p. 66, grifo nosso).

Paisagem sonora

Existem sons fundamentais como água, vento, pássaros, existem os sinais (que nos chamam a atenção como sirenes, apitos e buzinas), e também a marca sonora (som característico de uma cidadezinha portuária, de um sítio com uma cachoeira, um lugar cortado por uma linha férrea.

Paisagem e imaginário

O contexto das paisagens e do imaginário está vinculado ao olhar sensível, que busca uma interpretação contemplativa, que consegue ir além do que é visível, rompendo com a cientificidade imposta por métodos e teorias.

Atividades de autoavaliação

1. Em relação à paisagem sonora, podemos ter dupla relação com os sons que nos rodeiam. Kozel (2012) identificou, em seu trabalho:
   a) Que os sons podem ser agradáveis o tempo todo, fazendo sentir sempre bem.
   b) Que a região central de Curitiba se mostrou demasiadamente calma e tranquila.
   c) Que alguns sons nos incomodam, nos irritam, assim como alguns sons podem nos ajudar no processo de socialização.
   d) Que as pessoas são mais barulhentas do que o trânsito pesado.

2. A geopoética, considerando o que foi tratado no capítulo, propõe analisar as paisagens por meio de outras possibilidades. Isso é possível quando percebemos quais elementos?
   a) As mudanças climáticas nas paisagens.
   b) O aumento populacional em relação ao emprego ofertado.
   c) Os sons, os cheiros, as nuances nas paisagens.
   d) Nenhuma das alternativas anteriores.

3. No contexto das paisagens e do imaginário, a geopoética, por meio das obras de arte, contribui para uma discussão mais aprofundada sobre as paisagens. Considerando o exposto, assinale a alternativa que correlaciona adequadamente o artista citado e o tipo de paisagem destacada nas obras desses artista e que foram analisadas no texto deste capítulo.
   a) Cândido Portinari: paisagem sonora (ambientes urbanos).
   b) Tarsila do Amaral: paisagem sonora (automóveis, trens, indústrias, rios, rodovias).

c) Gauguin: paisagem e imaginário (representação cultural por meio da arte).

d) Cândido Portinari: paisagem e imaginário (representação vestimentas das mulheres na praia.

4. O que a geopoética pode propor ao espectador quando este observa a tela de Cândido Portinari sobre os retirantes?

a) Os detalhes são apenas traços e que nada influem na observação da obra.

b) Além do desenho em si, ali estão presentes as lutas dos retirantes contra a fome, a miséria e o sistema vigente naquela época.

c) As pessoas se mudam para buscar coisas melhores, pois são extremamente manipuladas pelo autor.

d) A seca tende a diminuir com a redução do número de pessoas, uma vez que os retirantes deixam de consumir água na sua região de origem.

5. Na geopoética, as paisagens sonoras revelam características que jamais seriam percebidas com a observação de uma fotografia. As seguintes características podem ser atribuídas às paisagens sonoras, EXCETO:

a) Sons de carros, buzinas, freadas, sirenes.

b) Sons de indústrias, pessoas nas ruas, pássaros cantando, cachoeiras.

c) Obras de arte com paisagens urbanas como engarrafamentos, prédios e pessoas.

d) Sons de rios, vento, animas no campo, pássaros cantando.

Atividades de aprendizagem

Questões para reflexão

1. O capítulo estudado apresentou novas propostas sobre os diversos olhares que podemos ter sobre as paisagens, dentro do contexto da geopoética. Seguindo essa proposta, escolha uma imagem, na internet, de uma paisagem qualquer; e outra fotografia de uma paisagem que você conheça. De posse das imagens, observe-as e faça um relato por escrito da imagem cuja paisagem você desconhece, tentando apontar os elementos presentes na paisagem, visíveis e não visíveis (paisagem sonora, paisagem olfativa, paisagem do imaginário). Em seguida, faça o mesmo com a fotografia da paisagem que você conhece. Depois das duas produções prontas, indique qual das imagens você sentiu que lhe causou menos dificuldade para ser relatada. Por quais razões você acredita que isso aconteceu?

2. Com base nos estudos do capítulo, faça um registro de fotos de diversas paisagens diferentes, de forma a contemplar as propostas estudadas (paisagem sonora, paisagem olfativa e paisagem do imaginário). Imprima essas fotos e anexe um pequeno resumo que identifique as principais características dessas paisagens e por que elas são sonoras, olfativas ou do imaginário.

Atividade aplicada: prática

Utilizando a ferramenta Google Maps (ou um *software* equivalente), escolha um trajeto que possa ser realizado, imprima o trajeto escolhido e, posteriormente, realize esse trajeto, anotando quais os sons que se sobressaem na paisagem enquanto você caminha. Ao identificá-los, crie uma legenda para localizá-los no material impresso. Após a caminhada de identificação dos sons na paisagem, reflita sobre a influência humana nessa paisagem. Quais transformações o homem realizou nessa paisagem que alteraram o som anterior? Como será que era o som dela no passado? Esses sons são agradáveis ou desagradáveis? É possível modificar alguma coisa nessa paisagem de forma a torná-la mais agradável?

Considerações finais

O caminho desenvolvido nessa obra procurou resgatar questões que nos remetem ao elemento chamado *cultura*. Ao acompanhar a evolução de cada capítulo, o leitor se deparou com algumas informações evidenciando essa trajetória. A estruturação dos capítulos buscou uma sequência lógica, partindo do histórico dos mapas, das escolas geográficas, das correntes geográficas, assim como apontou diversas categorias possíveis de análise. De posse dessas informações, pudemos adentrar o campo das representações com os mapas mentais, que nos ajudaram a perceber a importância do mundo vivido por quem os produz, chegando enfim às discussões sobre geopoética, um universo amplo e ainda pouco explorado.

As propostas apontadas aqui buscaram revelar que é necessário atentar-se para o simples, para os detalhes, a fim de não reproduzirmos equívocos históricos, olhando apenas para um determinado ponto e, assim, obscurecendo o outro como aconteceu com o enrijecimento pragmático que tomou conta da geografia, desprezando o que não se encaixava cientificamente, ou com a tentativa de negação das influências árabes na cultura europeia, como observado no histórico de Andaluzia, pontuado no segundo capítulo.

Faz-se necessário perceber que a geografia cultural tem um espaço de significativa importância ao levantar outras bandeiras, outros pontos de vistas, chamando para o debate outras correntes de pensamento, enriquecendo o campo científico para todos.

Não é nossa pretensão afirmar que essa ou aquela corrente geográfica é mais ou menos importante, definitivamente não é essa a razão dessa obra; muito pelo contrário, a intenção é justamente oposta a isso, é suscitar possibilidades de análises, oferecendo condições aos leitores para que observem os dois lados da rua, que escutem os mais variados tipos de sons, sentindo e percebendo mais. Que a leitura dessas páginas sejam motivadoras de uma nova busca contra o que já está posto como único e definitivo, abrindo caminho para que duvidemos mais, questionemos mais, façamos novas construções simbólicas, reconstruindo significados, de modo que sejam aflorados elementos culturais muitas vezes obscurecidos pela demanda comercial e econômica.

Referências

ALMEIDA, M. da C. X. de. Educar para a complexidade: o que ensinar, o que aprender. In: **Transdisciplinaridade e complexidade**: uma nova visão para a educação no século XXI. HENRIQUE, A. L. S.; SOUZA, S. C. de (Orgs.). Natal: Ed. do Cefet-RN, 2005.

AMORIM FILHO, O. B. A pluralidade da geografia e a necessidade das abordagens culturais. In: KOZEL, S.; SILVA, J. C.; GIL FILHO, S. F. (Org.) **Da percepção e cognição à representação**: reconstruções teóricas da geografia cultural e humanista. São Paulo: Terceira Margem; Curitiba: NEER, 2007. p. 11-26.

ANDERSON, P. **Linhagens do estado absolutista**. São Paulo: Brasiliense, 1985.

ANDERSON, P. S. (Coord.). **Princípios de cartografia básica**. Brasília: DSG; IBGE, 1982. (Princípios de Cartografia, v. 1). Disponível em: <http://files.geocultura.net/200001061-bc989bd926/Cartografia-Basica.pdf>. Acesso em: 16 nov. 2016.

ANDRADE, M. C. de. Formação territorial do Brasil. In: BECKER, B. K. et al. (Org.). **Geografia e meio ambiente no Brasil**. São Paulo: Hucitec, 1995, p. 163-164.

____. **Geografia, ciência da sociedade**: uma introdução à análise do pensamento geográfico. São Paulo: Atlas, 1987.

AREÁN-GARCÍA, N. Breve histórico da península ibérica. **Revista Philologus**, ano 15, n. 45. Rio de Janeiro, CIFEFIL, p. 25-48, set./dez. 2009. Disponível em: <http://www.usp.br/gmhp/publ/AreA4.pdf>. Acesso em: 22 nov. 2016.

AVENTURAS NA HISTÓRIA, São Paulo: Editora Abril, 1° de fevereiro de 2007.

BAKKER, M. P. R. de. **Cartografia**: noções básicas. Rio de Janeiro: Marinha do Brasil; Diretoria de Hidrografia e Navegação, 1965.

BENOIT, L. O. **Augusto Comte**: fundador da física social. 2. ed. São Paulo: Moderna, 2006.

BLOUET, B. W. The Imperial Vision of Halford Mackinder. **The Geographical Journal**, v. 170, n. 4, p. 322-329, dez. 2004. Disponível em: <http://www.colorado.edu/geography/class_homepages/geog_4712_s12/geog4712_S12/materials_files/Blouet%202004%20Imperial%20Vision%20of%20Mackinder.pdf>. Acesso em: 21 nov. 2016.

BOORSTIN, D. J. **Os descobridores**: de como o homem procurou conhecer-se a si mesmo e ao mundo. 2. ed. Rio de Janeiro: Civilização Brasileira, 1989.

BOUVET, R. Como habitar o mundo de forma geopoética? **Revista Interfaces Brasil/Canadá**, v. 12, n. 1, 2012. Disponível em: <https://periodicos.ufpel.edu.br/ojs2/index.php/interfaces/article/viewFile/7200/5017>. Acesso em: 25 nov. 2015.

BOYER, C. B. História da matemática. Tradução de Elza F. Gomide. São Paulo: Edgard Blücher, 1974.

BRASIL. Ministério da Educação. Secretaria de Educação Fundamental. **Parâmetros curriculares nacionais**: Terceiro e quarto ciclos do ensino fundamental – Geografia. Brasília, 1998. Disponível em: <http://portal.mec.gov.br/seb/arquivos/pdf/geografia.pdf>. Acesso em: 23 nov. 2016.

BRUNHES, J. **Geografia humana**. 2. ed. abrev. e atual. Rio de Janeiro: Fundo de Cultura, 1962.

BURNS, E. M. **História da civilização ocidental**. Tradução de Lourival Gomes Machado, Lourdes Santos Machado e Leonel Vallandro. 2. ed. Porto Alegre: Globo, 1968.

BUTTIMER, A. Aprendendo o dinamismo do mundo vivido. In: CHRISTOFOLETI, A. C. (Org.). **Perspectivas da geografia**. São Paulo: Difel, 1982. p. 165-193.

CARVALHO, E. A. de; ARAÚJO, P. C. de. **Leituras cartográficas e interpretações estatísticas II**. Natal: Ed. da UFRN, 2009. v. 2. Disponível em: <http://www.ead.uepb.edu.br/arquivos/

cursos/Geografia_PAR_UAB/ Fasciculos%20-%20Material/ Leituras_Cartograficas_II/Le_ Ca_II_A06_MZ_GR_260809. pdf>. Acesso em: 18 nov. 2016.

CARVALHO, M. S. Geografia e imaginário na Idade Média. **Raega - O Espaço Geográfico em Análise**, Curitiba, v. 1, n. 1, p. 45-60, dez. 1997. Disponível em: <http://revistas.ufpr.br/ raega/article/view/17914/11691>. Acesso em: 25 nov. 2016.

____. **Geografia e utopias medievais**. Disponível em: <http://www. geocities.ws/pensamentobr/ IMAGOcapel.htm>. Acesso em: 25 nov. 2016.

CASTRO, I. E.; GOMES, P. C. da C.; CORRÊA, R. L. (Org.) **Geografia**: conceitos e temas. 6. ed. Rio de Janeiro: Bertrand, 2003, p. 77-116.

CHAUI, M. de S. Vida e Obra. In: KANT, I. **Crítica da razão pura**. Tradução de Valerio Rohden e Udo Baldur Moosburger. São Paulo: Nova Cultural, 1999. p. 5-18.

CLAVAL, P. **A geografia cultural**. Florianópolis: Ed. da UFSC, 2001.

____. **A geografia cultural**. Tradução de Luiz Fugazzola Pimenta e Margareth de Castro Afeche Pimenta. Florianópolis: UFSC, 1999a.

____. **A geografia cultural**. Tradução de Luíz Fugazzola Pimenta e Margareth de Castro Afeche Pimenta. 3. ed. Florianópolis: Ed. da UFSC, 2007.

____. A Geografia cultural: o estado da arte. In: CORRÊA, R. L.; ROSENDAHL, Z. (Org.). **Manifestações da cultura no espaço**. Rio de Janeiro: EDUERJ, 1999b. p. 59-97.

____. A revolução pós-funcionalista e as concepções atuais da Geografia. In: MENDONÇA, F. A.; KOZEL, S. (Org.). **Elementos da epistemologia contemporânea**. Curitiba: Ed. da UFPR, 2002. p.11-43.

____. Les Grandes Coupures de L'Histoire de la Géographie. **Hérotode**, Paris, n. 25, p. 129-151, 1982.

CORRÊA, R. L. **Região e organização espacial**. 4. ed. São Paulo: Ática, 1991.

COSGROVE, D. A geografia está em toda parte: cultura e simbolismo nas paisagens humanas. In: CORRÊA, R. L.; ROZENDAHL, Z. (Org.). **Paisagem, tempo e cultura**. Rio de Janeiro: EdUERJ, 1999. p. 92-123.

COSTA, F. R.; ROCHA, M. M. Geografia: conceitos e paradigmas – apontamentos preliminares. **GEOMAE**, Campo Mourão, v. 1, n. 2, p. 25-56, 2010. Disponível em: <http://www.fecilcam.br/revista/index.php/geomae/article/viewFile/12/pdf_7>. Acesso em: 22 nov. 2016.

COTRIM, G. **Fundamentos da filosofia**: história e grandes temas. São Paulo: Saraiva, 2001.

CUNHA, R. N. da; VERNEQUE, L. P. S. Notícia: centenário de B. F. (1904-1990) - uma ciência do comportamento humano para o futuro do mundo e da humanidade. **Psicologia: Teoria e Pesquisa**, Brasília, v. 20, n. 1, jan./abr. 2004. Disponível em: <http://www.scielo.br/scielo.php?script=sci_arttext&pid=S0102-37722004000100014&lng=pt&nrm=iso>. Acesso em: 7 dez. 2016.

DANTAS, A.; MEDEIROS, T. H. de L. **Introdução à ciência geográfica**. 2. ed. Natal: EDUFRN, 2011. Disponível em: <http://sedis.ufrn.br/bibliotecadigital/site/pdf/geografia/Int_Cie_Geo_LIVRO_WEB.pdf>. Acesso em: 21 nov. 2016.

DARDEL, E. **O homem e a Terra**: natureza da realidade geográfica. Tradução de Werther Holzer. São Paulo: Perspectiva, 2011.

DELANO-SMITH, C. Cartografia e imaginação. **O correio da Unesco**, São Paulo, ano 19, n. 8, p.10-13, ago. 1991. (Mapas e Cartógrafos).

DREYER-EIMBCKE, O. **O descobrimento da Terra**: histórias e histórias da aventura cartográfica. São Paulo: Edusp; Melhoramentos, 1992.

DUARTE, N. **Educação escolar, teoria do cotidiano e a escola** de Vygotsky. 2. ed. Campinas: Autores Associados, 2001.

FERRARA, L. D. **Ver a cidade**: cidade, imagem, leitura. Barueri: Nobel, 1988.

FROLOVA, M. Los orígenes de la ciencia del paisaje en la geografía rusa. **Scripta Nova** – Revista Electrónica de Geografía y ciencias Sociales, Barcelona, v. 5, n. 102, dez. 2001. Disponível em: <http://www.ub.edu/geocrit/sn-102.htm>. Acesso em: 2 nov. 2016.

GODOY, P. R. T. de. Algumas considerações para uma revisão crítica da história do pensamento geográfico. In: GODOY, P. R. T. de. (Org.). **História do pensamento geográfico e epistemologia em geografia**. São Paulo: Cultura Acadêmica, 2010. Disponível em: <https://geolivros.noblogs.org/gallery/5452/a_nova_historia_da_cartografia-harley.pdf>. Acesso em: 17 nov. 2016.

GOMES, P. C. da C. **Geografia e modernidade**. 3. ed. Rio de Janeiro: Bertrand Brasil, 2003.

GRANT, M. **História resumida da civilização clássica**: Grécia e Roma. Rio de Janeiro: Jorge Zahar, 1994.

HAMM, C. A natureza em Kant. **Revista Ciência & Ambiente** – UFMS, Santa Maria, v. 28, p. 41-52, 1990.

HARLEY, J. B. A nova história da cartografia. **O Correio da Unesco**, São Paulo, ano 19, n. 8, p. 4-9, ago. 1991. (Mapas e Cartógrafos). p. 145-156. Disponível em: <https://geolivros.noblogs.org/gallery/5452/a_nova_historia_da_cartografia-harley.pdf>. Acesso em: 17 nov. 2016.

HARLEY, J. Maps, Knowledge and Power. In: COSGROVE, D.; DANIELS, S. **The Iconography of Landscape**: Essays on the Symbolic Representation, Design and Use of Past Environments. 4. ed. Great Britain: Cambridge University Press, 1994. p. 277-312.

HERMANN, P. **História dos descobrimentos geográficos**. Barcelona: Editorial Labor, 1968.

HOLZER, W. O lugar na geografia humanista. **Território**, ano 4, n. 7, p. 67-78, jul./dez. 1999. Disponível em: <http://www.revistaterritorio.com.br/pdf/07_6_holzer.pdf>. Acesso em: 23 nov. 2016.

ISIDORO DE SEVILHA, Santo. **Etymologiae**. Sevilha, [8--].

JOLY, F. D.; FAVERSANI, F. (Orgs.). **As formas do Império Romano**. Ouro Preto: Ufop, 2014. Disponível em: <http://www.ppghis.ufop.br/images/arquivos/As_formas_do_Imperio_Romano_final_2014.pdf>. Acesso em: 22 nov. 2016.

KEARNS, G. The Political Pivot of Geography. **The Geographical Journal**, v. 170, n. 4, p. 337-346, Dec. 2004. Disponível em: <http://citeseerx.ist.psu.edu/viewdoc/download?doi=10.1.1.700.8849&rep=rep1&type=pdf>. Acesso em: 20 set. 2016.

KOZEL, S. As representações no geográfico. In: MENDONÇA, F.; KOZEL, S. (Org.). **Elementos de epistemologia da geografia contemporânea**. Curitiba: Editora UFPR, 2002. p. 11-43.

KOZEL, S. Comunicando e representando: mapas como construções socioculturais. In: SEEMANN, J. (Org.). **A aventura cartográfica**: perspectivas, pesquisas e reflexões sobre a cartografia humana. Fortaleza: Expressão Gráfica e Editora, 2005. p. 131-149.

_____. Das "velhas certezas" a (re)significação do geográfico. In: SILVA, A. A. da D.; GALENO, A. (Orgs.). **Geografia**: ciência do complexus – ensaios transdisciplinares. Porto Alegre: Sulina, 2004. p. 160-180.

_____. **Das imagens às linguagens do geográfico**: Curitiba a "capital ecológica". 307 f. Tese (Doutorado em Geografia) – Universidade de São Paulo, São Paulo, 2001.

_____. Ensinar geografia no terceiro milênio. Como? Por quê? **RA'E GA - O Espaço Geográfico em Análise**, Curitiba, v. 2, p. 141-152, 1998. Disponível em: <http://revistas.ufpr.br/raega/article/view/18003/11739>. Acesso em: 24 nov. 2016.

KOZEL, S. Geopoética das paisagens: olhar, sentir e ouvir a "natureza". **Caderno de Geografia**, Pontifícia Universidade Católica de Minas Gerais, Belo Horizonte, v. 22, n. 37, p. 65-78, jun. 2012. Disponível em: <http://periodicos.pucminas.br/index.php/geografia/article/view/3418/3866>. Acesso em: 24 nov. 2016.

_____. Mapas mentais: uma forma de Linguagem – perspectivas metodológicas. In: KOZEL, S.; SILVA, J. C.; GIL FILHO, S. F. (Org.) **Da percepção e cognição à representação**: reconstruções teóricas da Geografia cultural e humanista. São Paulo: Terceira Margem; Curitiba: NEER, 2007. p. 37-42.

KOZEL, S.; GALVÃO, W. Representação e ensino de geografia: contribuições teórico-metodológicas. **Ateliê Geográfico**, Goiânia, v. 2, n. 3. p. 33-48, dez. 2008. Disponível em: <https://revistas.ufg.br/atelie/article/download/5333/4394>. Acesso em: 24 nov. 2016.

KOZEL, S.; NOGUEIRA, A. R. B. A geografia das representações e sua aplicação pedagógica: contribuições de uma experiência vivida. **Revista do Departamento de Geografia**, São Paulo, n. 13, p. 239-257, 1999.

KULIKOWSKI, M. **Guerras góticas de Roma**. São Paulo: Madras, 2008.

LE ROUX, P. **Império romano**. Tradução de William Lagos. Porto Alegre: L&PM, 2013. (Coleção L&PM Pocket; v. 763).

LENCIONI, S. **Região e geografia**. São Paulo: Edusp, 1999.

MACEACHREN, A. M.; TAYLOR, D. R. F. (Ed.). **Visualization in Modern Cartography**. Oxford: Elsevier Science, 1994. p. 334-341.

MAGALHÃES FILHO, F. S.; OLIVEIRA, I. J. de. A utilização de mapas mentais na percepção da paisagem cultural da cidade de Goiás/GO. **Cultur**, Ilhéus, ano 7, n. 3,

p. 32-45, out. 2013. Disponível em: <http://www.uesc.br/revistas/culturaeturismo/ano7-edicao3/2.pdf>. Acesso em: 24 nov. 2016.

MAGNOLI, D. (Org.). **História das guerras**. 4. ed. São Paulo: Contexto, 2009.

____. ____. 3. ed. São Paulo: Contexto, 2006.

MARTON, S. L. **Paisagens sonoras, tempos e autoformação**. 201 f. Tese (Doutorado em Educação) – Universidade Federal do Rio Grande do Norte, Natal, 2008. Disponível em: <http://repositorio.ufrn.br:8080/jspui/bitstream/123456789/14159/1/SilmaraLM.pdf>. Acesso em 25 nov. 2016.

MATOZO, M. A. **Mapa mental digital**: do pictórico ao convencional. Propostas em representação e ensino de geografia. 123. Dissertação (Mestrado em Geografia) – Setor de Ciências da Terra, Universidade Federal do Paraná, Curitiba, 2009. Disponível em: <http://www.educadores.diaadia.pr.gov.br/arquivos/File/2010/artigos_teses/GEOGRAFIA/Dissertacoes/mapa_mental_digital.pdf>. Acesso em: 18 nov. 2016.

MATOZO, M. A.; HARTMANN, S. J. **Mapas mentais digitais**: Uma nova proposta para conhecimentos antigos. In: SIMPGEO – SIMPÓSIO PARANAENSE DE PÓS-GRADUAÇÃO EM GEOGRAFIA, 3., 2008, Ponta Grossa. **Anais**... Ponta Grossa: UEPG, 2008. v. 1. Disponível em: <http://www.neer.com.br/anais/NEER-2/Trabalhos_NEER/Ordemalfabetica/Microsoft%20Word%20-%20MarcusAntonioMatozo.ED2I.pdf>. Acesso em: 26 out. 2016.

MELLO, J. B. F. de. Geografia humanística: a perspectiva da experiência vivida e uma crítica radical ao positivismo. **Revista Brasileira de Geografia**, Rio de Janeiro, v. 52, n. 4, p. 91-115, out./dez. 1990. Disponível em: <http://biblioteca.ibge.gov.br/visualizacao/periodicos/115/rbg_1990_v52_n4.pdf>. Acesso em: 24 nov. 2016.

MOKHTAR, G. (Coord.). **A África antiga**. 2. ed. rev. Brasília: Unesco, 2010. (História Geral da África, v. 2).

MORAES, A. C. R. **A gênese da geografia moderna**. São Paulo: Hucitec, 2002. v. 1.

MORAES, A. C. R. **Geografia**: pequena história crítica. 7. ed. São Paulo: Hucitec, 1987.

MORAES, N. T. A. **A paisagem como um discurso em Tarsila do Amaral, a construção de um diálogo entre o espaço social e pictórico na década de vinte do século XX no Brasil**: do Pau Brasil a Antropofagia. 148 f. Dissertação (Mestrado em História) – Setor de Ciências Humanas, Letras e Artes, Universidade Federal do Paraná, Curitiba, 2014. Disponível em: <http://www.humanas.ufpr.br/portal/historiapos/files/2013/09/Naymme.pdf> Acesso em: 17 nov. 2016.

NITSCHE, L. B.; KOZEL, S. **Representações geográficas e turismo**: um estudo interdisciplinar. 144 f. Dissertação (Mestrado em Geografia) – Universidade Federal do Paraná, Curitiba, 2007. Disponível em: <http://www.neer.com.br/anais/NEER-2/Trabalhos_NEER/Ordemalfabetica/Microsoft%20Word%20-%20LeticiaBartoszeckNitsche.ED3III.pdf>. Acesso em: 10 out. 2016.

OLIVEIRA, C. **Curso de cartografia moderna**. Rio de Janeiro: IBGE, 1988. (Coleção Ibgeana).

OLIVEIRA, L. Ainda sobre percepção, cognição e representação em geografia. In: MENDONÇA, F. A; KOZEL, S. (Org.). **Elementos de epistemologia da geografia contemporânea**. Curitiba: Ed. da UFPR, 2002. p. 189-196.

OLIVEIRA, L. Uma leitura geográfica da epistemologia do espaço segundo Piaget. In: VITTE, A. C. (Org.). **Contribuições à história e à epistemologia da geografia**. Rio de Janeiro: Bertrand Brasil, 2007. p. 83-89.

PAIN, A.; PROTA, L.; RODRIGUEZ, R. V. **A herança greco-romana** e a nova valoração ocidental. Salvador: Instituto de Humanidades, 2015.

PARANÁ. Secretaria de Estado da Educação. Departamento de Educação Básica. **Diretrizes Curriculares da Educação Básica**: Geografia. Curitiba, 2008. Disponível em: <http://www.educadores.diaadia.pr.gov.br/arquivos/File/diretrizes/dce_geo.pdf>. Acesso em: 23 nov. 2016.

PASSOS, M. M. **Biogeografia e paisagem**. Maringá: Ed. da Uem, 2003. PELOPONESO. Dicionário português. Disponível em: <http://dicionarioportugues.org/pt/peloponeso>. Acesso em: 22 nov. 2016.

PELOPONESO. **Dicionário português**. Disponível em: <http://dicionarioportugues.org/pt/peloponeso>. Acesso em: 22 nov. 2016.

PIAGET, J. **A epistemologia genética e a pesquisa psicológica**. Rio de Janeiro: Freitas Bastos, 1974.

_____. **Psicologia e epistemologia**: por uma teoria do conhecimento. Tradução de Agnes Cretella. Rio de Janeiro: Forense Universitária, 1973.

PIAGET, J.; INHELDER, B. **A representação do espaço na criança**. Tradução de Bernadina Machado de Albuquerque. Porto Alegre: Artes Médicas, 1993.

PITÁGORAS DE SAMOS. Disponível em: <http://www.dec.ufcg.edu.br/biografias/Pitagora.html>. Acesso em: 22 nov. 2016.

PROJETO PORTINARI. **Retirantes**. Disponível em: <www.portinari.org.br>. Acesso em: 23 jun. 2016.

RAISZ, E. **Cartografia geral**. Tradução de Neide M. Schneider e Péricles Augusto Machado Neves. Rio de Janeiro: Científica, 1969.

RAMOS, F. P. **Naufrágios e obstáculos**: enfrentados pelas armadas da Índia Portuguesa (1497-1653). São Paulo: Humanitas, 2000. v. 4. (Série Iniciação).

RANDLES, W. G. L. **Da terra plana ao globo terrestre**: uma mutação epistemológica rápida (1480-1520). Tradução de

Maria Carolina F. de Castilho. Campinas: Papirus, 1994.

RECLUS, E. A natureza da geografia. In: ANDRADE, M. C. de. (Org.) **Elisée Reclus** – Geografia. São Paulo: Ática, 1985. (Coleção Grandes Cientistas Sociais, n. 49).

RICOBOM A. E. **Introdução à história da cartografia e das concepções da forma da Terra**. Apostila para o Curso de Geografia, do Departamento de Geografia, do Setor de Ciências da Terra, da Universidade Federal do Paraná. Curitiba, 2008a. Apostila digitada.

RICOBOM, A. **Classificação dos produtos cartográficos**. Curitiba. Ed. UFPR. 2008b.

SANTOS, M. A aceleração contemporânea: tempo mundo e espaço mundo. In: SANTOS, M. et al. **O novo mapa do mundo**: fim de século e globalização. 4. ed. São Paulo: Hucitec, 2002. p. 15-22.

_____. **Metamorfoses do espaço habitado**: fundamentos teórico e metodológico da geografia. São Paulo: Hucitec, 1988.

SANTOS, M. **Por uma geografia nova**: da crítica da Geografia a uma Geografia Crítica. 3. ed. São Paulo: Hucitec, 1990.

SAQUET, M. A. **Abordagens e concepções de território**. São Paulo: Expressão Popular, 2007.

SAQUET, M. A.; SPOSITO, E. S. (Org.). Territórios e territorialidades: teorias, processos e conflitos. São Paulo: Expressão Popular; Unesp – Programa de Pós-Graduação em Geografia, 2008.

SAUER, C. O. A morfologia da paisagem. In: ROSENDAHL, Z.; CORRÊA, R. L. **Paisagem, tempo e cultura**. Rio de Janeiro: EdUERJ, 1998. p.12-74.

SCHAFER, R. M. **A afinação do mundo**: uma exploração pioneira pela história passada e pelo atual estado do mais negligenciado aspecto do nosso ambiente – a paisagem sonora. São Paulo: Ed. da Unesp, 2001.

SCHAMA, S. **Paisagem e memória**. São Paulo: Companhia das Letras, 1996.

SILVA. M. A de O. Plutarco e Delfos. **Praesentia**, v. 13, fev. 2012. Disponível em: <http://erevistas.saber.ula.ve/index.php/praesentia/article/download/4233/4020>. Acesso em: 21 nov. 2016.

SOUSA, R. G. Ostracismo. **Brasil Escola**. Disponível em <http://brasilescola.uol.com.br/historiag/ostracismo.htm>. Acesso em: 25 nov. de 2016.

SOUZA, M. L. J. de. **O território**: sobre espaço e poder, autonomia e desenvolvimento. 2. ed. Rio de Janeiro: Bertrand Brasil, 2000.

SUERTEGARAY, D. M. A. Espaço geográfico uno e múltiplo. **Scripta Nova**, Barcelona, n. 93, 15 jul. 2001. Disponível em: <http://www.ub.es/geocrit/sn-93.htm>. Acesso em: 23 nov. 2016.

TORRES, M. A. **A paisagem sonora da ilha dos Valadares**: percepção e memória na construção do espaço. 152 f. Dissertação (Mestrado em Geografia) – Universidade Federal do Paraná, Curitiba, 2009. Disponível em: <http://webcache.googleusercontent.com/search?q=cache:owwRqWrod-YJ:acervodigital.ufpr.br/bitstream/handle/1884/19665/Dissertacao%2520Marcos%2520Torres.pdf%3Fsequence%3D1+&cd=3&hl=pt-BR&ct=clnk&gl=br>. Acesso em: 13 out. 2016.

TORRES, M. A.; KOZEL, S. **A percepção da paisagem sonora da cidade de Curitiba**. Disponível em: <https://www.academia.edu/919437/A_percep%C3%A7%C3%A3o_da_paisagem_sonora_da_cidade_de_Curitiba>. Acesso em: 25 nov. 2016.

TUAN, Y. **Espaço e lugar**: a perspectiva da experiência. Tradução de Lívia de Oliveira. São Paulo: Difel, 1983.

_____. Geografia humanística. In: CHRISTOFOLETTI, A. (Org.). **Perspectivas da Geografia**. São Paulo: Difel, 1985. p. 143-164.

_____. **Topofilia**: um estudo de percepção, atitudes e valores do meio ambiente. Tradução de

Lívia de Oliveira. São Paulo: Difel, 1980.

TUCÍDIDES. **História da Guerra do Peloponeso**. Tradução do grego de Mário da Gama Kury. 4. ed. Brasília: Ed. da UnB; Instituto de Pesquisa de Relações Internacionais; São Paulo: Imprensa Oficial do Estado de São Paulo, 2001. (Clássicos IPRI, v. 2). Disponível em: <http://funag.gov.br/loja/download/0041-historia_da_guerra_do_peloponeso.pdf>. Acesso em: 22 nov. 2016.

TULIK, O. Turismo rural. São Paulo: Aleph, 2003. (Coleção ABC).

VERGANI, T. A surpresa do mundo: ensaios sobre cognição, cultura e educação. Natal: Flecha do Tempo, 2003.

VESENTINI, J. W. Geografia. São Paulo: Ática, 2003. (Série Brasil).

WEIGERT, H. Geopolítica: Generales y Geógrafos. Mexico: Fondo de Cultura Económica, 1943.

WHITE, K. **La Plateau de l'Albatros**: Introduction a La Geopoetique. Paris: Grasset et Fasque lle, 1998.

____. Lecture de Laperouse. **Cahiers de Géopoétique**, n. 1, 1990. Disponível em: <http://www.geopoetique.net/archipel_fr/institut/cahiers/cah1_kw.html>. Acesso em: 25 nov. 2016.

____. Uma abordagem científica do campo geopoético. Tradução de Márcia Marques-Rambourg. **Instituto Internacional de Geopoética**. Disponível em: <http://institut-geopoetique.org/pt/textos-fundadores/65-uma-abordagem-cientifica-do-campo-geopoetico>. Acesso em: 25 nov. 2016.

Bibliografia comentada

CLAVAL, P. **A geografia cultural**. Tradução de Luiz Fugazzola Pimenta e Margareth de Castro Afeche Pimenta. Florianópolis: UFSC, 1999.

Para Paul Claval, o cotidiano é a fonte de saberes mais importantes em termos de geografia cultural. Nas suas observações, destaca a sensibilidade da observação dos odores, das imagens, dos pontos de referências, do tato, enfim, das orientações espaciais que nos movem pelo mundo. Elementos como a toponímia nos dão segurança no reconhecimento dos lugares, a por meio deles o sentimento de pertencimento, de fazer parte, de pertencer ao lugar. Paul Claval desviará seu olhar também para o social, compreendendo que viver é estar em contato com o ambiente em todos os sentidos, sejam eles a visão, a audição, o tato ou o olfato. Claval aponta, assim como Tuan, a importância da Topofilia, ou seja, da importância da observação da ligação que as pessoas têm com o lugar onde vivem.

KOZEL, S. **Das imagens às linguagens do geográfico**: Curitiba a "capital ecológica". 307 f. Tese (Doutorado em Geografia) – Universidade de São Paulo, São Paulo, 2001.

As produções de Kozel representam atualmente um forte ponto de apoio em termos de produção brasileira no quesito geografia cultural. Uma grande defensora desse olhar mais sensível às questões humanas, tentando dar subsídios para uma discussão aberta, plena, em termos de transformação do espaço. Kozel em sua essência busca revelar o outro lado, romper com o tradicional e demonstrar o sensível, o místico, o romântico, que contribuem enormemente no entendimento e principalmente, no preenchimento das lacunas que a geografia não cultural acaba deixando. Suas produções caminham lado a lado com os mapas mentais, ferramenta de extrema importância para quem estuda geografia cultural.

OLIVEIRA, L. Ainda sobre percepção, cognição e representação em geografia. In: MENDONÇA, F. A; KOZEL, S. (Org.) **Elementos de epistemologia da geografia contemporânea**. Curitiba: Ed. da UFPR, 2002. p. 189-196.

Em Lívia de Oliveira encontramos as primeiras manifestações (no Brasil) em termos de geografia cultural. É por meio de Oliveira que a geografia no Brasil começa a voltar seus olhares para o cultural, para o campo das possibilidades, das transformações humanas sobre o ambiente, sobre como sua cultura, seus elementos culturais podem contribuir numa nova leitura. As transcrições de Oliveira reforçam a importância dessa corrente geográfica denominada geografia cultural.

TUAN, Y. **Topofilia**: um estudo de percepção, atitudes e valores do meio ambiente. Tradução de Lívia de Oliveira. São Paulo: Difel, 1980.

As obras de Y-Fu Tuan são sem sombra de dúvidas as principais bases para discussão da geografia cultural, uma vez que o mesmo insere nas discussões o conceito de lugar. Conceito esse que revela um outro olhar sobre o espaço, sobre as várias maneiras de se pensar como o ambiente em que se está inserido pode interferir nas ações humanas, revelando as nuances desse espaço transformado.

Respostas

Capítulo 1

Atividades de autoavaliação

1. d
2. b
3. d
4. d
5. d

Capítulo 2

Atividades de autoavaliação

1. a
2. c
3. a
4. b
5. b

Capítulo 3

Atividades de autoavaliação

1. c
2. c

3. d

4. b

5. a

Capítulo 4

Atividades de autoavaliação

1. d

2. d

3. c

4. a

5. d

Capítulo 5

Atividades de autoavaliação

1. c

2. c

3. c

4. b

5. c

Sobre o autor

Marcus Antonio Matozo é professor da disciplina de Geografia na rede estadual de ensino, atuando desde 2004 no ensino médio. Graduou-se pela Universidade Federal do Paraná (UFPR) em licenciatura e bacharelado em Geografia. Possui pós-graduação em História e Geografia do Paraná pelas Faculdades Bagozzi e mestrado em Geografia Cultural pela UFPR. É também coordenador do curso de pós-graduação em História e Geografia do Paraná no Instituto Tecnológico e Educacional de Curitiba (Itecne). Foi organizador do I Encontro Digital de Geografia Fora de Sala, reunindo, em rede, mais de novecentos participantes. Sua linha de pesquisa envolve a discussão sobre mapas mentais, especialmente mapas mentais digitais, aliando a tecnologia ao estudo da geografia.

Anexos

Figura A – Mapa mental digital 1 (aluno M. A.)

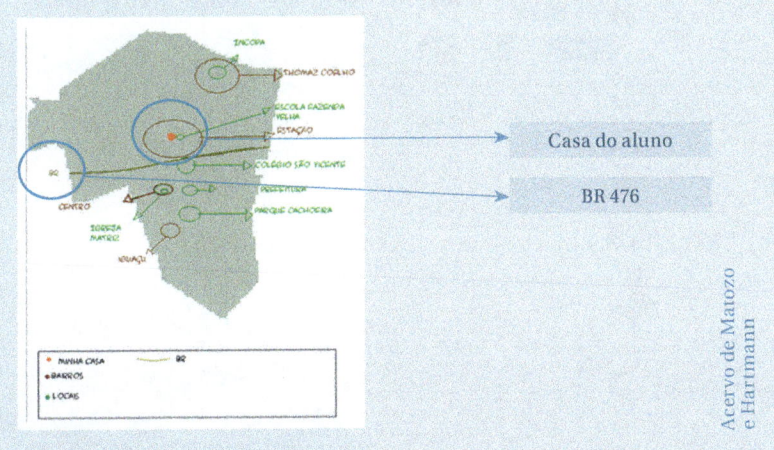

→ Casa do aluno
→ BR 476

Fonte: Matozo, 2009, p. 67.

Acervo de Matozo e Hartmann

Figura B – Mapa mental digital 2 (Aluno M. A. H.)

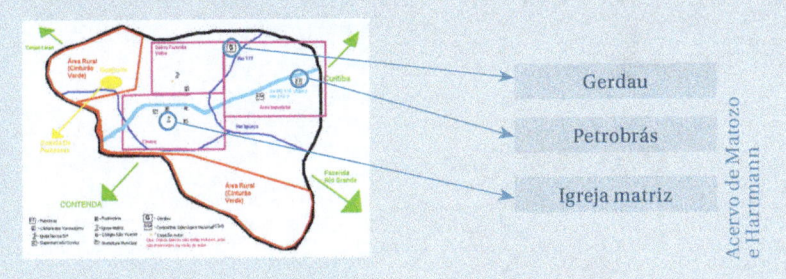

→ Gerdau
→ Petrobrás
→ Igreja matriz

Fonte: Matozo, 2009, p. 68.

Acervo de Matozo e Hartmann

Figura C - Mapa mental digital 3 (Aluno A. P. M.)

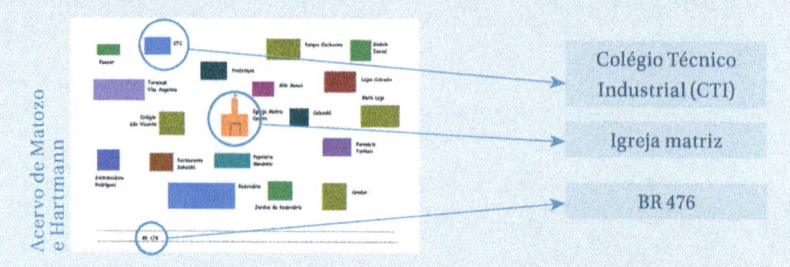

Colégio Técnico Industrial (CTI)

Igreja matriz

BR 476

Fonte: Matozo, 2009, p. 69.

Figura D - Mapa mental digital 4 (Aluno A. K. H.)

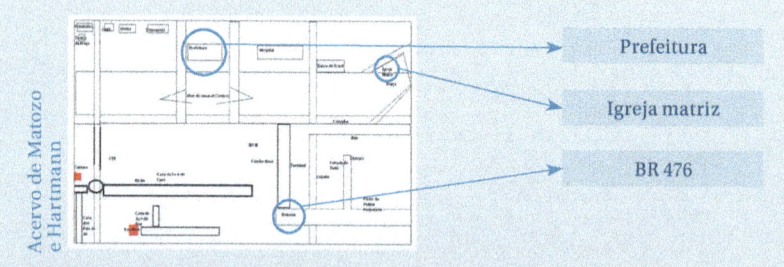

Prefeitura

Igreja matriz

BR 476

Fonte: Matozo; Hartmann, 2008, p. 8.

Figura E - Mapa mental manual 1 (aluno M. S. N.)

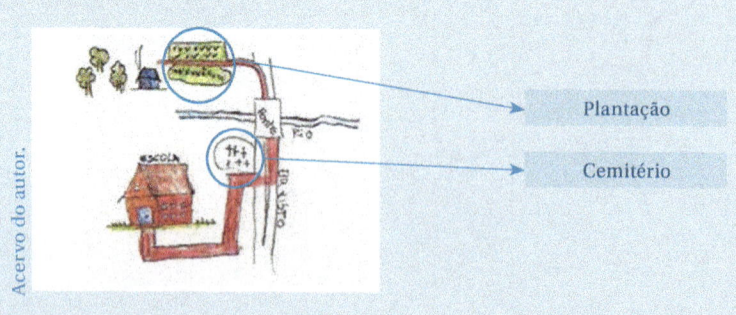

Plantação

Cemitério

Fonte: Matozo, 2009, p. 83.

Figura F – Mapa mental manual 2 (aluno S. A.)

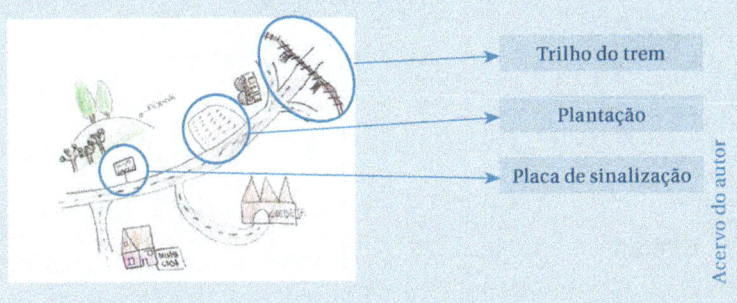

→ Trilho do trem
→ Plantação
→ Placa de sinalização

Acervo do autor

Fonte: Matozo, 2009, p. 84.

Figura G – Mapa mental manual 3 (aluno N. Z. de P.)

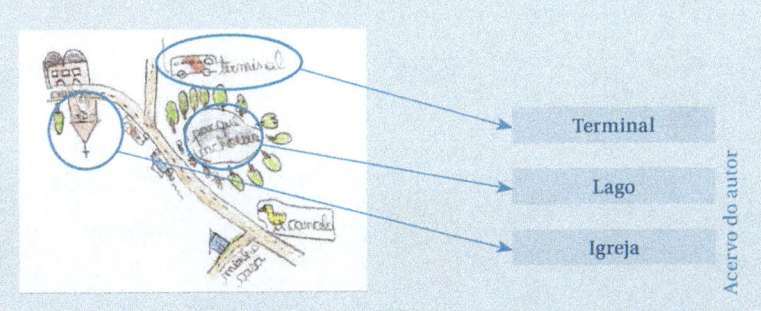

→ Terminal
→ Lago
→ Igreja

Acervo do autor

Fonte: Matozo, 2009, p. 86.

Figura H – Mapa mental manual 4 (aluno A. C. S.)

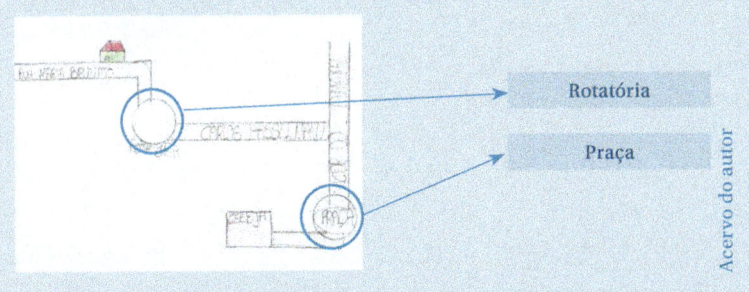

→ Rotatória
→ Praça

Acervo do autor

Fonte: Matozo, 2009, p. 87.

Figura I – Mapa mental digital 1 (aluno M. V. N.)

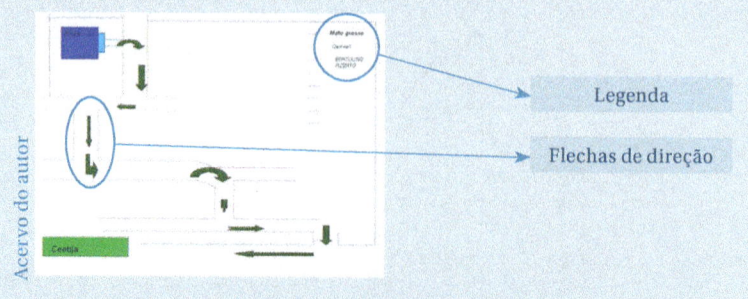

Fonte: Matozo, 2009, p. 94.

Figura J – Mapa mental digital 2 (aluno M. A. C.)

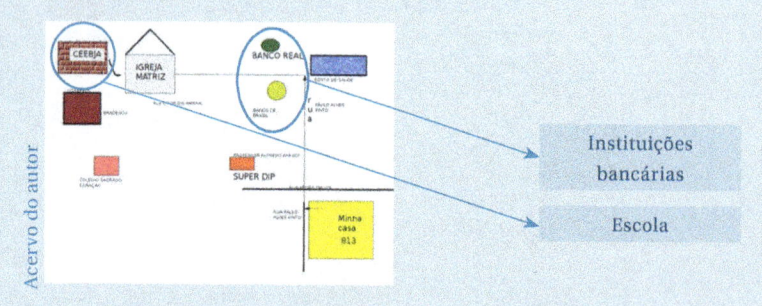

Fonte: Matozo, 2009, p. 94.

Figura K – Mapa mental manual do aluno S. P. de F. (antes)

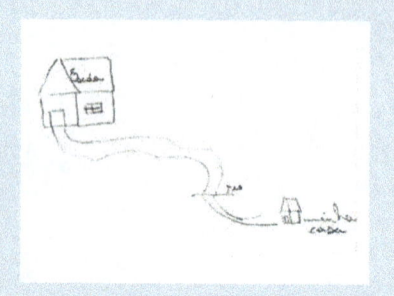

Fonte: Matozo, 2009, p. 103.

Figura L − Mapa mental digital aluno S. P. de F. (antes)

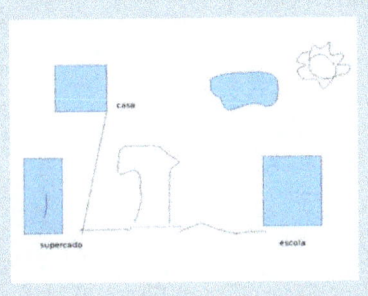

Fonte: Matozo, 2009, p. 104.

Acervo do autor

Figura M − Mapa mental digital aluno S. P. de F. (depois)

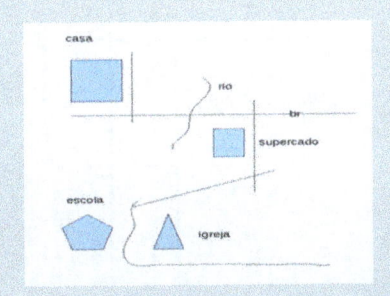

Fonte: Matozo, 2009, p. 104.

Acervo do autor

Figura N − Mapa mental manual do aluno L. C. N. (antes)

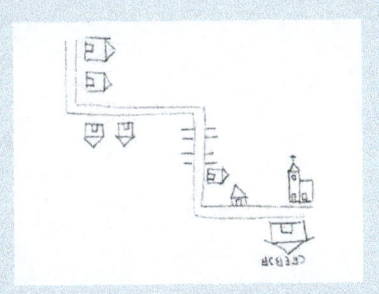

Fonte: Matozo, 2009, p. 109.

Acervo do autor

Figura O – Mapa mental digital do aluno L. C. N. (antes)

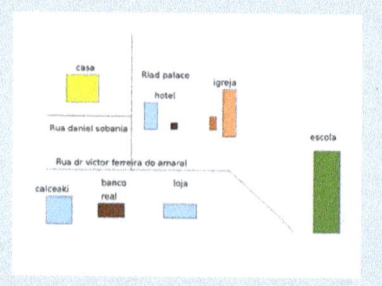

Fonte: Matozo, 2009, p. 109.

Figura P – Mapa mental digital do aluno L. C. N. (depois)

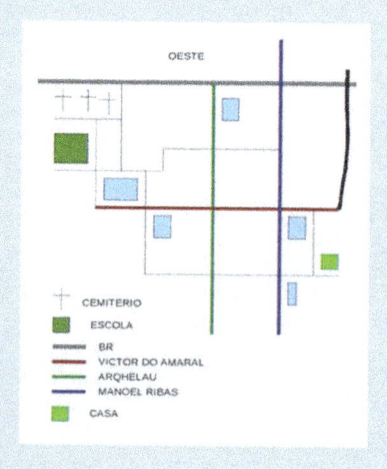

Fonte: Matozo, 2009, p. 109.

Figura Q – PORTINARI, C. **Retirantes**. 1944. 1 óleo sobre tela: color.; 190 × 180 cm. Museu de Arte de São Paulo Assis Chateaubriand, São Paulo.

Direito de reprodução gentilmente cedido por João Cândido Portinari

Figura R – TARSILA DO AMARAL. **São Paulo (Gazo)**. 1924. 1 óleo sobre tela: color.; 50 × 60 cm. Coleção particular, São Paulo.

Romulo Fialdini/Tempo Composto

Figura 8 – GAUGUIN, P. **Mulheres na praia**, 1891. 1 óleo sobre tela: color.; 69 × 91 cm. Museu de Orsay, Paris.

Os papéis utilizados neste livro, certificados por instituições ambientais competentes, são recicláveis, provenientes de fontes renováveis e, portanto, um meio sustentável e natural de informação e conhecimento.

MISTO
Papel produzido a partir de fontes responsáveis
FSC® C023626

Impressão: Log&Print Gráfica e Logística S.A.
Março/2019